U0342152

国家自然科学基金项目（51704208）

铁矿石浮选十二胺-煤油混溶捕收剂增效机理

刘 安 著

北 京

冶 金 工 业 出 版 社

2019

内 容 提 要

本书主要针对我国铁矿石阳离子反浮选工艺所面临的问题，以磁铁矿与主要的脉石矿物石英作为研究对象，从药剂组合的角度，以非极性油作为辅助捕收剂，将捕收剂、非极性油以及表面活性剂三者有机结合，以表面活性剂–捕收剂混合物在气–液、液–油以及固–液界面上的吸附过程与协同作用作为研究方向，开展非极性油辅助十二胺磁铁矿反浮选提效机理研究，并在尖山铁矿成功进行试验验证。

本书可供选矿专业高校师生、选矿工程技术人员、浮选药剂与选矿设备工程技术人员的参考阅读。

图书在版编目 (CIP) 数据

铁矿石浮选十二胺—煤油混溶捕收剂增效机理/刘安著. —
北京：冶金工业出版社，2019. 8
ISBN 978-7-5024-8184-1

Ⅰ. ①铁…　Ⅱ. ①刘…　Ⅲ. ①铁矿床—浮游工艺—研究
Ⅳ. ①TD861. 1　②TD923

中国版本图书馆 CIP 数据核字（2019）第 163505 号

出 版 人　谭学余
地　　址　北京市东城区嵩祝院北巷 39 号　邮编　100009　电话　(010)64027926
网　　址　www.cnmip.com.cn　电子信箱　yjcbs@cnmip.com.cn
责任编辑　徐银河　美术编辑　彭子赫　版式设计　孙跃红
责任校对　郑　娟　责任印制　李玉山
ISBN 978-7-5024-8184-1

冶金工业出版社出版发行；各地新华书店经销；北京建宏印刷有限公司印刷
2019 年 8 月第 1 版，2019 年 8 月第 1 次印刷
169mm×239mm；8.5 印张；163 千字；125 页
58. 00 元

冶金工业出版社　投稿电话　(010)64027932　投稿信箱　tougao@cnmip.com.cn
冶金工业出版社营销中心　电话　(010)64044283　传真　(010)64027893
冶金工业出版社天猫旗舰店　yjgycbs.tmall.com
（本书如有印装质量问题，本社营销中心负责退换）

前　言

　　铁矿石是钢铁工业最主要的基础原料，随着钢铁工业的发展，我国钢铁企业对铁精矿质量的要求也越来越高。我国铁矿资源存在原矿品位低、组成复杂、嵌布粒度细等特点。就磁铁矿而言，其伴生脉石矿物主要为石英，经过磁选所得的磁选铁精矿中含磁铁矿和石英连生体无法去除，导致磁选铁精矿中 SiO_2 含量一般为 7% ~ 12%，石英含量高则高炉利用系数降低，炼铁成本增加。余永富院士率先提出了"提铁降硅"的学术思想，在铁矿浮选的工业实践中反浮选脱硅工艺已被证实是解决铁矿粗精矿硅含量过高问题最为有效的方法。

　　铁矿反浮选脱硅工艺主要有阴离子反浮选工艺以及阳离子反浮选工艺。阴离子反浮选工艺药剂制度复杂，需加入 Ca^{2+} 离子活化剂，由于油酸系列阴离子捕收剂低温下溶解分散性差，通常需要加温至30℃左右才有较好的浮选效果。阳离子反浮选工艺较阴离子反浮选工艺而言药剂制度简单，药剂种类少，无需再添加活化剂，药剂消耗低。

　　阳离子反浮选工艺的核心是阳离子捕收剂，阳离子捕收剂是一类广泛应用于金属矿反浮选、非金属矿浮选、盐类矿物浮选等领域的重要药剂。阳离子反浮选脱硅工艺是一项很有前景的工艺，然而仍有以下几个问题亟待解决：(1) 阳离子捕收剂的药剂种类少、合成成本高，需要通过提效降低药剂成本；(2) 传统胺类捕收剂在浮选过程中泡沫量大、泡沫发黏，流动性差且消泡困难，在工业上使用容易发生跑槽现象；(3) 传统胺类药剂溶解度小、分散性差，需加酸才能在溶液中具有良好的溶解性，酸性介质对设备腐蚀严重；(4) 传统胺类阳离子捕收剂在低温下分散性不好，矿浆需加温15℃以上，加温浮选会使能耗上升而导致选矿成本增高。

　　在选矿生产实践中常常遇到一种重要的现象：选择性好的浮选捕收剂其捕收能力往往比较差，而捕收能力强的药剂则往往选择性不好。

如何提高浮选药剂的选择性，同时兼顾捕收能力，对于药剂的活性与选择性之间的关系，王淀佐院士提出可根据化学药剂化学作用相互的过渡态，对应的能量即活化能，用 Eying 方程（$\Delta G = A \lg K$）来表示。通过研究一系列矿物与药剂作用时过渡态之间的差别，王淀佐院士提出的"浮选药剂的活性-选择性原理"指出：反应活性低的药剂对矿物的选择性较好，而活性较高的浮选药剂选择性必然较差。根据这一原理，使用单一官能团药剂难以同时获得较好的选择性和高回收率的分选效果，要同时兼顾活性和选择性。总的来说，捕收剂的提效方式有两种：（1）药剂改性，即合成多官能团药剂，使其同时兼顾选择性与捕收能力；（2）组合用药，通过不同的药剂复配，将不同药剂的选择性与活性互补，发挥协同效果。无论是改性药剂，还是开发新的高效药剂，综合考虑到药剂成本，一般难以完全取代传统的浮选捕收剂。组合用药则是一种有效的药剂提效方法，组合用药一般系指同类性质药剂的组合使用，是将两种或多种含不同官能团的药剂根据其对矿物表面作用的差别进行合理组合，发挥协同效应，节约浮选药剂成本，同时提高药剂对各种选矿条件的适应性。

本书系统总结了作者近年来的研究成果，针对阳离子捕收剂提效课题，以磁铁矿与主要的脉石矿物石英作为研究对象，从药剂组合角度出发，以非极性烃作为辅助捕收剂部分替代价格昂贵的胺类药剂，将捕收剂、非极性油以及表面活性剂三者有机结合，选择表面活性剂-捕收剂混合物在气-液、液-油和固-液界面上的吸附过程与协同作用作为研究方向，对烃类油辅助磁铁矿阳离子捕收剂反浮选提效过程进行了全面阐述。

本书中所述的研究项目获得了国家自然科学基金的资助（51704208），在此表示感谢。还要感谢樊民强教授、樊金串教授、李志红副教授、董连平副教授、樊盼盼老师、刘爱荣老师、杨宏丽老师、刘彦丽老师以及乔笑笑博士等人为本书所作的贡献。

由于时间仓促和作者水平所限，本书难免存在不足之处，恳请读者批评指正。

刘 安

2019 年 4 月

目　录

5　表面活性剂对十二胺–煤油混溶捕收剂增效机理 …………………… 89

1 绪 论

<<<<<<<<<<<<<<<<<<<<<<<<<<<<<<<<<<<<<<<<<<<<<<<<<<<<<<<<<<<<<<<<<<<<<<<<<<

在选矿生产实践中常常遇到一种重要的现象：选择性好的浮选捕收剂其捕收能力往往比较差，而捕收能力强的药剂则往往选择性不好。对于药剂的活性与选择性之间的关系，王淀佐院士[1,2]提出可根据化学药剂化学作用相互的过渡态，对应的能量即活化能，用 Eying 方程（$\Delta G = A\lg K$）来表示。通过研究一系列矿物与药剂作用时过渡态之间的差别，王淀佐院士提出的"浮选药剂的活性-选择性原理"指出：反应活性低的药剂对矿物的选择性较好，而活性较高的浮选药剂选择性必然较差。根据这一原理，使用单一官能团药剂难以同时获得较好的选择性和高回收率的分选效果，要同时兼顾活性和选择性。总的来说，捕收剂的提效方式有两种[3,4]：（1）药剂改性，即合成多官能团药剂，使其同时兼顾选择性与捕收能力；（2）组合用药，通过不同的药剂复配，将不同药剂的选择性与活性互补，发挥协同效果。无论是改性药剂，还是开发新的高效药剂，综合考虑到药剂成本，一般难以完全取代传统的浮选捕收剂。因此，浮选捕收剂的组合用药是浮选药剂研究中的一个重要课题，已经引起重视。

1.1 浮选组合用药研究进展

1.1.1 浮选捕收剂组合用药的研究现状及进展

早在 1945 年就有人开始了捕收剂的组合使用，自 1957 年斯德哥尔摩国际选矿会议上提出药剂的组合使用这一方向并引起重视，药剂组合使用得到了迅速发展[5,6]。由于许多药剂的组合使用比单独使用取得了更好的效果，目前国内外越来越多的选矿厂采用了组合用药制度，从开始的捕收剂之间的组合使用发展到调整剂之间的组合，起泡剂间的组合、捕收剂和起泡剂、絮凝剂的组合，并扩展到了浮选的一些其他领域，其中以捕收剂的组合使用研究和应用最为广泛。组合体系；也由二元组合体系发展到多元组合体系；药剂组合的类型，也由同型同类药剂的组合，发展到异类药剂的组合使用和异型药剂的组合使用。

国内外学者对捕收剂组合用药产生的协同效应做了许多研究，现在已经从早期的硫化矿的黄药之间、黄药与黑药之间的混用，发展到异类甚至异型捕收剂的混用，由二元组合体系发展到三元、三元以上混用体系。组合体系分类见表 1-1。

表 1-1　捕收剂组合使用体系分类表

体系	类　别	示　例	文献
二元同型同类组合体系	含硫有机物类组合使用	乙黄药与丁基黄药混用浮选铅、锌矿	7
	有机砷酸类组合使用	组合甲苯砷酸浮选锡石	8
	脂肪酸类组合使用	不同长度碳链脂肪酸混用浮选铁矿石	9
	脂肪胺类组合使用	长、短碳链胺组合分选石英	10
二元同型异类组合体系	阳离子型组合使用	脂肪胺与醚胺混合使用浮选铁矿	11
	中性油组合使用	煤焦油和燃料油混和浮选煤泥	12
	阴离子型组合使用	黄药和氧肟酸浮选硫化铜与氧化铜	13
二元异型组合体系	阳离子型与阴离子型组合使用	黄药与十二胺组合浮选白钨矿	14
	阴离子型与中性油组合使用	磺酸钠与十二烷混用浮选赤铁矿	15
	阳离子型与中性油组合使用	脂肪胺与不饱和脂肪烃混用分选钾盐矿	16
	两性捕收剂与其他类型药剂组合使用	氨基酸与黄药混用浮选方铅矿、孔雀石	17
三元以上组合体系	阴离子型组合使用	丁基黄药、丁基黑药、C7-C9 烷基氧肟酸浮选铜、镍矿	18
	阴离子型与中性油组合使用	油酸钠、壬基酚聚氧乙烯醚与中性油混用浮选磷灰石、白云石	19
其他组合体系	捕收剂与长链有机物组合使用	脂肪胺与十二醇浮选赤铁矿	20
	高分子聚合物与低分子表面活性剂组合使用	聚丙烯酰胺与十二烷基盐酸盐分选一水硬铝石与高岭石	21

胡永平等人[22]研究了烷基双磷酸与水杨羟肟酸两种捕收剂单独使用与组合使用时对细粒钛铁矿、钛辉石的浮选行为。结果表明两种药剂组合使用可使最佳pH 值范围变大且药剂总耗量比单独使用任一种药剂时都低。机理研究表明，烷基双磷酸与水杨羟肟酸均与钛铁矿表面的钛、铁活性质点发生化学键合，丙种药剂以共吸附的形式互相补充，强化了捕收能力，所以组合药剂量大大降低。

任俊[23]研究了稀土浮选组合用药与协同效应，通过捕收剂、起泡剂以及抑制剂的组合使用，发现在适宜的条件下组合用药，药剂间都存在着强烈的相互作用，协同效应是普遍存在的；组合用药不仅提高稀土矿物选别指标，还减少高价药剂用量，降低选矿成本。捕收剂的组合使用有利于形成稳定疏水性药剂膜；起泡剂的组合使用有利于矿物表面起泡剂-捕收剂缔合物直接在矿粒上集结气泡的作用；而抑制剂的组合使用可以同时抑制多种脉石矿物。

葛英勇等人[24]将 N-烷基 1，3 丙二胺与醚胺两种阳离子捕收剂组合，通过石英单矿物浮选试验及组合药剂研究，寻找到了组合药剂 GE-651C（N-8 烷基 1，3-丙二胺：正癸烷氧基-正丙基胺＝7：3），得到了捕收力强、选择性好、泡沫性能优异的组合药剂，降低了药剂成本。机理研究表明，丙种药剂以共吸附的形式吸附于矿物表面，并且醚胺捕收剂由于分子中的 C—O 醚键的存在，增强了溶解性分散性，所以组合药剂量大大降低。

孙伟等人[25]使用油酸钠、十二胺醋酸盐阴阳离子组合捕收剂成功分离云母与石英。试验结果表明，单用油酸钠时矿物基本不上浮；单用十二胺矿浆 pH 值需控制在强酸性条件下；而用油酸钠、十二胺组合捕收剂在 pH 值为 10 时表现出了良好的选择性。红外光谱、动电位测试以及 XPS 分析表明：油酸钠与十二胺通过静电引力、氢键作用的共吸附是产生协同效应的原因。

A. Vidyadhar 等人[26]研究了十二胺、油酸钠组合捕收剂对赤铁矿浮选行为的影响。他们发现当油酸钠的浓度低于十二胺时，组合捕收剂表现出协同作用，而当油酸钠的浓度高于十二胺时，会出现恶化浮选效果的现象。出现这种现象的原因可能是十二胺与油酸形成了 1∶2 的水溶性配合物，或者是由于矿物表面已达到单分子层饱和吸附，过量油酸的非极性基以烃基相互作用形成双分子层吸附，而其极性基则朝向水相增强了矿物的亲水性。

Majid Ejtemaei 等人[27]发现菱锌矿硫化阴离子-阳离子浮选法优于单一阴离子浮选法。试验结果表明阳离子捕收剂 Armac C 与阴离子捕收剂 KAX 的比例及添加顺序对浮选效果的影响很大，当 KAX 与 Armac C 的比例达到一定的值会形成水溶性的 Armac C-KAX 配合物，这会导致一部分捕收剂的极性基朝向水相，导致疏水性下降。

B. McFadzean 等人[28]研究了黄铁矿、方铅矿浮选过程中巯基组合捕收剂的协同作用。通过组合研究乙基、异丁基黄原酸盐，二乙基、二异丁基二烷基二硫代磷酸盐以及乙基、异丁基二烷基二硫代氨基甲酸对黄铁矿、方铅矿浮选行为，发现强-弱组合捕收剂的协同作用明显优于强-强组合捕收剂。造成这种现象的原因是强-弱组合捕收剂在矿物表面覆盖得更为均匀，因为它们可以更为均匀地吸附在矿物表面不同表面能的活性点上。

H. Sis 等人[29]通过对比传统的细粒煤浮选的捕收剂组合煤油与松油以及煤油与油酸组合发现：煤油与离子型捕收剂油酸组合具有协同作用，这里油酸的作用是作为乳化剂和分散剂，提高了煤油的分散性。

A. T. Makanza 等人[30]发现在浮选含金黄铁矿时，十二烷基三硫代碳酸盐与异丁基黄原酸盐的组合捕收剂能提高金与铀的回收率，而不会增加硫化矿的回收率。矿物学研究表明，金与铀主要赋存油母岩质中，组合捕收剂对油母岩质的浮选具有显著的协同作用，能够增大油母岩质与黄铁矿的选择性。

K. Lee 等人[31]通过将 N-辛基氧肟酸盐与传统的硫化矿捕收剂黄原酸钾组合使用，可以同时回收硫化铜与氧化铜，并且发现组合用药时氧化铜的回收率高于传统的预先硫化浮选工艺。

I. V. Filippova 等人[32]通过组合使用油酸钠、氧肟酸以及磷酸组合捕收剂与非离子表面活性剂选择性的分离硫酸钙以及方解石、磷灰石以及萤石等含钙矿物。研究表明非离子表面活性剂与捕收剂共吸附减少了捕收剂极性头基的静电斥力，同时低极性的非离子表面活性剂通过羟基与矿物表面溶解的钙离子形成氢键改善了捕收剂吸附层的结构。

1.1.2 浮选药剂组合使用理论研究进展

所谓的组合用药，一般指同类性质药剂的组合使用，是将两种或多种含不同官能团的药剂根据其对矿物表面作用的差别进行合理组合，发挥协同效应，节约浮选药剂成本，同时提高药剂对各种选矿条件的适应性。组合用药可用来源丰富或低廉的药剂代替来源短缺或昂贵的药剂，节约药剂成本；用无毒无害或毒性较小的药剂部分完全取代有毒有害药剂，保护环境，改善社会效益。其机理大致归类如下。

（1）共吸附机理。

组合用药的共吸附现象是目前研究得较多的一种，与单独使用捕收剂相比较，其吸附量较大、吸附层较紧密、吸附层与疏水层的形成较快、颗粒的絮凝作用较大、与气泡的黏附作用时间较短，从而改善了矿物表面的疏水性、矿粒与气泡的黏着概率、黏着强度与时间[4,33~35]。

造成共吸附现象的原因[4]之一是矿物表面在成矿、加工过程中形成的物理和化学不均匀性，导致矿物表面不同的活性区吸附活性不同的捕收剂，是药剂产生共吸附的矿物学基础。另一个原因[4]是捕收剂间的相互作用，在这类组合捕收剂的吸附过程中，往往会由于一种捕收剂的存在而促进另一种药剂的吸附，共吸附的药剂彼此之间产生交互作用，最终促进和强化矿物的浮选。常见的共吸附现象有两种模型[36~38]。

1）穿插型吸附，即活性高的药剂先在矿物表面的某些活性点上吸附，再引起另一种药剂以分子或离子的形式穿插其间，它们以适当的密度在矿物表面定向排列，药剂烃链间有范德华力作用强化吸附。如典型的离子型捕收剂和非离子型表面活性剂（中性分子）混用时在矿物表面上形成穿插型共吸附，它降低了离子型捕收剂极性端的斥力和形成半胶束的浓度，从而使吸附量增加，疏水增强，一般还伴有表面张力降低的现象。

2）层叠型吸附，即高活性药剂先同矿物作用改变其原有特性（如表面活性、润湿性、化学吸附特性等），再引起其他药剂在其上发生二次层叠吸附，因药剂间有相互作用，也强化了药剂的作用。以乙黄药与戊基黄药在方铅矿上吸附为例，当按质量比1:1组合使用时，不但总吸附量提高，而且作用强的戊黄药吸附量比单独使用时增大许多。

（2）螯合机理。

螯合剂能和金属离子选择性地生成稳定的螯合物作为捕收剂，亦可与离子型捕收剂组合使用作为捕收剂活化剂，其作用机理有两种类型[39,40]：1）与金属离子形成可溶性螯合物，使矿物微溶，达到活化矿物的目的；2）与金属离子形成沉淀物，即为不溶性螯合物吸附于矿物表面，它对矿物有一定的捕收作用。早在第六届国际选矿会议上，Farah 就提出过用草酸作为烷基磺酸盐类药剂浮选独居石的活化剂，可优化浮选效果，而其活化机理正是因为草酸通过螯合作用对独居石有微溶作用而致。

由于螯合剂是与矿物表面的金属离子作用，因此选择合适的螯合剂，可起到既捕收氧化矿又捕收硫化矿的效果。但目前用于浮选的螯合剂疏水基长度不够，导致螯合物疏水强度难以满足选矿要求，不过螯合剂加中性油可以优化浮选[41~43]。这是因为中性油通过范德华力缔合于螯合剂的非极性端，吸附于矿物表面上，相当于延长了螯合剂的非极性基烃链，增强了矿物表面的疏水性。

（3）功能互补机理。

同时使用两种功能不同的捕收剂以捕收各自适应的矿物，可归为这一类[44]。不同药剂的性能有很大差异，为了提高药剂的总活性可依据药物学的拼合原理将不同药剂的优点加以发挥。拼合两种类型药剂在一个分子之中最突出的例子是两性捕收剂在浮选上的应用。药剂拼合虽形式与组合用药不同，但却有类似协同效应的结果，它与某些先组合再加药的组合用药的作用相似。以硫化矿的分选为例，将黄药和黑药组合能强化分选效果；黄药捕收能力强，选择性弱，黑药捕收能力弱而选择性强，两种药剂可以互补。在氧化矿浮选过程中，羟肟酸和脂肪酸的组合有利于增强捕收能力和选择性，提高回收率。

利用不同官能团的互补作用，苏联学者特罗普曼 ER 和长沙矿冶研究院见百熙[33]提出药物化学的拼合原理。如用二硫代氨基甲酸类和黄药、黑药类捕收剂，通过化学合成的方法，把它们的憎水基拼合在一个分子结构中。拼合后要具有黄药和黑药的特性即捕收力强、选择性好，它是一种硫化矿物的良好捕收剂。另外，药剂组合中辅助捕收剂对主捕收剂的乳化分散、溶解作用也提高了浮选效果。

（4）分子配合机理。

这一机理常用于解释阴离子型和阳离子型捕收剂之间的组合。Takahide 等人[45]认为不同电性捕收剂共用时，会发生中性分子与离子的共吸附。两种药剂的电子的给予体-接受体之间性质、电荷的补充、氢键的作用，使它们之间形成某种组合的分子配合物，该分子配合与阴、阳离子型捕收剂产生共吸附。有人首先利用烷基伯单胺与烷基磷酸盐或烷基硫酸盐组合浮选长石、钛铁矿、石榴石和独居石，发现矿物被活化或被抑制与组合药剂中阳、阴离子的比例关系很大，认为可能形成一种"分子配合物"。

也有人认为阴、阳离子捕收剂组合的作用机理是中和形成盐型结合体。例如，黄药和胺都是具有强捕收能力的药剂，按照"浮选药剂的活性-选择性"原理，它们单独使用时都不会有较好选择性，而组合使用后，两者先中和形成盐型结合体，使能量降低而稳定性增强，这样较低活性的结合体对矿物表面作用时表现良好的选择性；吸附在矿物表面后，药剂与矿物表面强的化学键力同时又拆解了黄药与胺之间的结合，恢复了它们各自较强的活性，从而更牢固地吸附在矿物表面上。通过两种药剂之间的这种结合，得到了选择性好捕收能力强的药剂组合。

组合药剂的作用机理如上所述，但是需要指出的是有些组合药剂的作用机理不一定是单一的，有时同时具有两种或多种作用机理。上述各种组合用药机理的共性多是吸附机理，从吸附的几何分布形式加以区分，可分为穿插吸附与层叠吸附；从吸附的性质加以区分，可分为物理吸附、化学吸附与物理-化学吸附；从吸附形态加以区分，可分为离子吸附、分子吸附与离子-分子吸附。

1.2　铁矿浮选捕收剂及组合用药研究进展

铁矿石中的主要脉石矿物是石英和硅酸盐矿物。目前国内外采用的铁矿浮选流程有三种：阳离子捕收剂反浮选石英和硅酸盐、阴离子捕收剂反浮选被钙离子活化了的石英、阴离子捕收剂或螯合捕收剂正浮选铁矿物。与正浮选工艺相比，反浮选工艺充分利用了铁矿物和脉石矿物的密度差，在有效的药剂制度条件下，石英等低密度脉石矿物与高密度铁矿物的浮选分离效果会更好；另一方面，反浮选工艺具有较高的选矿效率，因为原矿经磁选抛尾后品位常常较高，采用正浮选工艺会导致药剂耗量增大，此外铁精矿上浮过程中不可避免地夹杂脉石矿物将导致选矿效率降低。

阳离子反浮选工艺较阴离子反浮选工艺而言，具有药剂制度简单、无需加入活化剂、药剂消耗低以及耐低温等特点[46]。自 20 世纪 50 年代美国矿业局（USBM）在密歇根和明尼苏达开发了阳离子捕收剂反浮选流程以来，目前国外铁矿石浮选中主要以阳离子反浮选工艺为主[47~49]。特别是针对硅酸盐矿物晶体结构的特点，使得阳离子捕收剂成为硅酸盐矿物的有效捕收剂，因此胺类阳离子捕收剂成为铁矿石反浮选工艺用药首选[50]。

1.2.1　铁矿阳离子反浮选捕收剂研究进展

铁矿阳离子反浮选工艺在国外较为广泛，早期用脂肪胺作为反浮选药剂捕收剂，为了改善胺的浮选性能，多对脂肪胺进行改性。对于浮选过程，由于浮选药剂是与矿物表面的金属离子或活性原子发生作用，其亲固基团决定了捕收剂的捕收能力，新型阳离子捕收剂的研究趋势是对其极性亲固基团进行改性。国外已生产出很多用于浮选石英的阳离子捕收剂，如醚单胺及醚二胺 MG 系列捕收剂、Flotigam SA-B 十八酰胺醋酸盐、Flotigam DAT 牛油脂肪胺、Nb 系列缩合胺以及

含 C_{16} ~ C_{18} 烷基的 ArmacC 椰油脂肪胺醋酸盐等。总的来说，国外使用的阳离子捕收剂主要为脂肪胺、酰胺、醚胺、多胺、缩合胺及其盐类化合物等[52~56]。

阳离子反浮选工艺在我国应用相对较少，近年来，随着我国大力提倡发展集约型经济，阳离子捕收剂在我国得到了迅速的发展，国内学者对于阳离子捕收剂的研究也取得了一定的进展。葛英勇等人[56,57]采用自主研制的 GE-609 阳离子捕收剂（烷基多胺醚），对齐大山赤铁矿、尖山铁矿进行反浮选脱出硅酸盐矿物，均取得了良好的选矿指标，并且降低选矿成本改善了泡沫性质；钟宏等人[58]合成了双季铵盐型 Gemini 表面活性剂，并考察了该捕收剂对石英和磁铁矿的分离效果，研究表明其捕收能力和对矿浆 pH 值的适应性都比十二胺更强；伍喜庆等人[59]研究了新型浮选捕收剂 N-十二烷基-β-氨基丙酰胺分离石英和铁矿物的浮选性能及作用机理，从分子结构上判断该药剂是一类碱性弱于胺类的捕收剂，但由于酰胺基中有负电性大的氧在酸性条件下可与石英表面 Si—OH 存在氢键作用，所以该捕收剂表现出更好的选择性；刘文刚[60]合成了多胺类捕收剂 N-十二烷基-1，3-丙二胺以及 N-十二烷基乙二胺，研究表明该类捕收剂具有良好的选择性及捕收能力，对齐大山磁赤型铁矿进行浮选试验，取得了良好的浮选效果；王毓华和任建伟等人[61]合成了季铵盐类捕收剂，采用该新型阳离子捕收剂 CS1 和组合药剂（CS2∶CS1＝2∶1），通过磁选铁精矿反浮选脱硅试验研究，发现新型组合药剂在获得与十二胺相近的铁品位前提下，铁回收率提高了将近 8%；梅光军等人[62]合成了新型酯基季铵盐阳离子捕收剂 M-302 作为酒钢铁矿磁选精矿捕收剂，该捕收剂具有良好的捕收能力、高的表面活性以及低的临界胶束浓度，良好的溶解性以及优良的起泡效能。

1.2.2 铁矿组合捕收剂研究进展

在国内外铁矿石浮选过程中，也使用了组合捕收剂。铁矿浮选中捕收剂的组合包括同型和异型组合，同型组合主要是同种类型捕收剂的组合，例如阴离子反浮选工艺中的脂肪酸之间的组合使用，阳离子反浮选工艺中的脂肪胺间、脂肪胺与醚胺、多胺之间的组合使用；异型组合主要是不同类型药剂（具有捕收或者辅助捕收性能的药剂）之间的组合，例如阴离子反浮选工艺中脂肪酸与活性酯类药剂间，脂肪酸与非极性油间，脂肪酸与表面活性剂间的组合使用，阳离子反浮选工艺中脂肪胺与非极性油之间的组合使用。

铁矿阴离子反浮选工艺应用较多的是塔尔油，它是一种天然混合物，其组分因造纸所用木材的不同而不同，一般含有多种脂肪酸、松脂酸和醇类，而在浮选过程中起主要作用的是脂肪酸和松脂酸两类组分。早在 20 世纪 50 年代就有人研究过这两类组分含量的比例对铁矿浮选性能的影响[63]。控制这两类组分的比例可以改变浮选指标，即采取组合用药的办法可改善浮选效果，塔尔油如果与烷基酚一起使用，其浮选效果更佳。Cooke[64]在研究不同结构的脂肪酸浮选铁矿的性能时，发现不纯的异油酸反而远比纯的异油酸选择性指数高，其结果如图 1-1 所示。

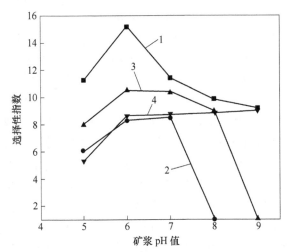

图 1-1　氧化铁矿浮选选择性指数与 pH 值的关系

1—不纯异油酸：碘值 80.9，用工业酸加碘处理经过异构化而得，
含单个双键成分 56.5%，含两个双键成分 13.5%；
2—工业油酸：碘值 88.2，含 C18 单个双键成分 93%；
3—纯油酸：碘值 89.8%，熔点 13.4℃（顺式异构体）；
4—纯异油酸：碘值 80.6，熔点 43.7℃（反式异构体）

　　脂肪酸类捕收剂与中性油组合浮选氧化铁矿石，早在 1949 年和 20 世纪 50 年代初就有专利报道[65,66]，是将松脂酸钠或塔尔油与燃料油组合浮选脱泥后的氧化铁矿石，苏联也报道了类似专利[67]。在 1957 年的斯德哥尔摩国际选矿会议上，Kihlstedt[68]在对斯堪的纳维亚半岛的赤铁矿浮选研究中使用了 UMIX 药剂，UMIX 是塔尔油与中性油组合并用水溶性烷基磺酸盐作为乳化剂做成的水乳化药剂，其试验结果是燃料油可部分替代塔尔油。

　　Erberich[69]曾做过油溶性乳化剂浮选磁铁矿的试验，塔尔油与燃料油或乳化剂组合浮选磁铁矿试验结果如图 1-2 所示。试验结果表明燃料油与塔尔油的组合物（曲线 5）优于单独使用塔尔油（曲线 6），塔尔油加油溶性乳化剂（曲线 4）优于单独使用塔尔油（曲线 6），用油溶性乳化剂产生的水溶液（曲线 2）优于用水溶性乳化剂形成的水溶液（曲线 3），直接添加油溶性乳化剂于浮选作业中与油溶性水乳液实际上没有差别（曲线 1 与曲线 2）。Белаш[70]用高级脂肪酸蒸馏下脚料与烷基酚聚氧乙烯醚及塔尔油作为组合捕收剂浮选铁矿，原矿含铁 36.3%~38.1%，可获得精矿含铁 61.5%~63%，铁回收率为 86%~87% 的选矿指标。也有报道指出烷基酚聚氧乙烯醚还可以与油酸组合浮选磷矿，也获得了较好的效果[71]。

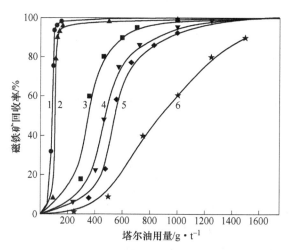

图 1-2 塔尔油与燃料油或乳化剂组合浮选磁铁矿试验结果

1—塔尔油+燃料油（1∶4）+Emigiol；2—塔尔油+燃料油（1∶4）+Emigiol+75%H$_2$O；

3—塔尔油+燃料油（1∶4）+烷基磺酸盐 75%H$_2$O；4—塔尔油+ Emigiol；

5—塔尔油+燃料油（1∶4）；6—塔尔油；其中 Emigol 为油溶性乳化剂，

烷基磺酸盐为水溶性乳化剂

王善宁等人[72]进行了磺化琥珀酸单酯与脂肪酸组合作为赤铁矿、铁燧岩、磁铁矿的捕收剂的研究，他们还研究了更为复杂的单酯-磺化琥珀酸酰胺基烷基单酯和酰胺基烷氧基单酯作为铁矿石捕收剂组分与一般脂肪酸组合使用[73]。用塔尔油脂肪酸与三聚乙二醇的十二烷基醚顺丁二酸单酯的组合物作为铁矿石捕收剂，亦获得美国专利，单独使用这种单酯时，铁的回收率仅为 44.3%，单独使用塔尔油脂肪酸时，铁的回收率为 86.5%，当两者按 1∶1 的比例组合使用时，铁的回收率为 96%[74]。

Polgaire 公布的专利[75]，用烷基胺与胺基醚二者按 7∶3 组合溶于酸后使用，在浮选含铁 51.5% 的铁石英岩时，可获得品位为 67.4%，铁回收率为 91.9% 的铁精矿。巴西专利[76,77]报道了氧化铁矿反浮选，使用脂肪胺与醚胺或其他含氮化合物组合捕收剂的情况，能获得铁品位大于 67%，铁回收率 89.91%~91.3% 的铁精矿。苏联[78]报道了用组合胺进行铁矿石反浮选和用胺与 $ClCH_2COOR$（$R = C_{10~13}$）按 1∶50 到 1∶10 的组合用于铁矿石浮选的专利。

Filippov 等人[79]研究了醚胺、脂肪胺组合捕收剂与混合胺捕收剂与脂肪醇组合使用反浮选磁铁矿作用机理，机理研究表明由于脂肪醇的存在减少了阳离子捕收剂极性基头的静电斥力，从而形成了更为紧密的捕收剂吸附层，提高了脉石矿物铁硅酸盐的疏水性。他们还研究过非离子表面活性剂对醚单胺与醚二胺混合捕收剂浮选硅酸盐矿物及含钙脉石矿物，发现非离子表面活性剂也有类似的提效作用[80]。

　　国际上关于捕收剂组合使用研究的趋势，促使我国于 50 年代末 60 年代初就开展了组合用药的研究。

　　张强等人[81]采用精塔尔油、石油磺酸钙以及辅助捕收剂 2 号燃料油作为混合捕收剂选别东鞍山难选铁矿石。浮选实践表明，采用混合捕收剂比单一捕收剂作用好。据分析，组合捕收剂中的塔尔油，具有较强的捕收能力和一定的起泡性能，而中性石油磺酸钙对铁矿物具有较好的选择性，因此两者配合使用，互相补充，增强了对铁矿物的选择性捕收能力和对矿泥的忍耐性。此外，加入少量燃料油，则使上述两种油状捕收剂在矿浆中促进了弥散，强化了附着作用，降低了药剂用量。

　　张阊[82]针对东鞍山难选细粒赤铁矿的性质，将四种脂肪酸捕收剂进行组合使用，产生了不同的协同效应，结果表明最有效的组合方式是将具有强捕收能力弱选择性的药剂与具有强选择性弱捕收能力的药剂相组合，而提出这种观点的依据就是药剂性能互补原理。北京矿冶研究总院[4]在研究氧化石蜡皂的性质与其在赤铁矿浮选过程中的作用时，发现氧化深度加深时，石油醚不溶物的含量增多，其主要成分为羟基酸等带有双极性基物质，从而进行它与脂肪酸组合使用的试验，以考查其对浮选是否有利。对赤铁矿进行的试验结果如图 1-3 所示，结果表明石油醚不溶物对浮选有利，可作为组合药剂的组分。

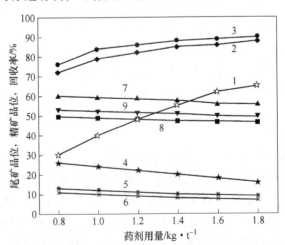

图 1-3　石油醚不溶物不同含量与浮选回收率及尾矿品位的关系

1—用脂肪酸时赤铁矿的回收率；2—用脂肪酸+20%石油醚不溶物时赤铁矿回收率；

3—脂肪酸+40%石油醚不溶物赤铁矿回收率；4—脂肪酸尾矿品位；

5—脂肪酸+20%石油醚不溶物尾矿品位；6—脂肪酸+40%石油醚不溶物尾矿品位；

7—脂肪酸精矿品位；8—脂肪酸+20%石油醚不溶物精矿品位；9—脂肪酸+40%石油醚不溶物精矿品位

东北大学学者[4]发表了关于中性油与氧化石蜡皂或塔尔油组合浮选东鞍山铁矿的研究结果。在固定氧化石蜡皂和塔尔油用量为 650g/t（二者的比例为 4∶1）的情况下，加入不同用量的柴油（或煤油），随中性油用量的增加，精矿品位无明显变化，而回收率随中性油用量的增加而增加。

广州有色金属研究院[4]研究了塔尔油羟肟酸与柴油组和浮选东鞍山、齐大山铁矿石，浮选结果表明，浮选前可以不脱泥、不浓缩，不需磁选预先富集，仅一次粗选可抛尾 50%（含铁小于 5%），流程结构简单节省药剂。

梅光军等人[83]采用复合脂肪酸捕收剂（MG∶MY＝2∶1），MG 及 MY 为新型多官能团阴离子捕收剂，以宜昌某高磷鲕状赤铁矿为研究对象进行反浮选提铁降磷试验研究，复合捕收剂用量为 300g/t 的条件下即可获得单独用 MG 800g/t 时相似的浮选指标，可以在很大程度上降低选矿生产成本。

谢兴中[84]针对褐铁矿以及不同成矿类型所伴生的三种主要脉石矿物——硅酸盐矿物石英、黏土矿物高岭石以及钙镁类矿物方解石，通过单矿物试验，考察了组合捕收剂对它们分选效果的影响。试验结果表明：煤油与油酸钠组合，煤油可发挥其较强的"桥联"作用，强化微细粒的聚团，具有诱导疏水絮凝作用，强化对褐铁矿的捕收作用；而苯甲羟肟酸与油酸钠混合使用并不能明显提高褐铁矿的可浮性。蔡振波[85]也通过组合药剂（十二胺∶十二烷基三甲基氯化铵＝1∶1）成功分选褐铁矿与石英，组合捕收剂不但选择性较十二胺好，而且还具有显著的协同效应，使捕收剂用量大大降低。

王毓华和任建伟[86]研究了单一阳离子及阴阳离子联合技术方案对褐铁矿反浮选指标的影响。试验结果表明，原矿中除含硅酸盐矿物外，尚含有方解石等脉石矿物，十二胺不是最理想的捕收剂。为使粗颗粒硅酸盐矿物及方解石等矿物充分上浮，采用石灰调浆淀粉抑制铁矿物，油酸和十二胺联合使用的方案，反浮选取得了明显的效果，精矿品位从 54.05% 提高到 57.18%，回收率也提高了将近 20%。

周军等人[87]通过对攀枝花细粒钛铁矿物质组成的研究，提出了利用混合药剂浮选细粒钛铁矿的技术措施。选用油酸、氧化石蜡皂、水杨羟肟酸、磺酸基苯基油酸酰胺和苯乙烯膦酸作为捕收剂，分别进行了钛铁矿浮选试验。结果表明苯乙烯膦酸与 2 号油按 4∶1 比例混合使用，浮选效果最好，经三次精选，可获得 TiO_2 品位 47.22%，回收率 74.58% 的钛精矿。

1.3 非极性油在浮选的应用与作用机理研究进展

非极性油是碳氢系列化合物，分子内不存在亲固基，靠分子间作用力与矿物表面或表面活性剂的非极性基相作用。因此，中性油只能吸附于具有疏水性的矿物表面，且它一旦吸附于矿物表面，则会使矿物表面表现出强烈的疏水性，而极性捕收剂是通过其极性亲固基团与矿物表面选择性作用，因此联合使用"极性捕收剂-非极性油"工艺能够充分发挥两类捕收剂的作用，降低药耗，改善浮选指标。

非极性油已在下列工艺技术中用于富集矿物颗粒：（1）作为非极性矿物的捕收剂，通过分子间范德华力的作用，对天然疏水性矿物进行浮选；（2）作为辅助捕收剂进行浮选，先用极性捕收剂使极性矿物表面转化为非极性矿物表面（略为疏水、非常亲油），再添加中性油，中性油通过与极性捕收剂疏水基发生缔合作用而使矿物表面的疏水性增大；（3）在处理微细粒物料时，作为桥连液，形成疏水性絮团；根据工艺的特点和中性油用量的不同，疏水性油絮凝工艺又可分为乳化浮选、油团聚、两液萃取。

1.3.1　非极性油的作用机理

早在 20 世纪 30 年代末，苏联的叶尔奇科夫斯基[88] 曾提出过"烃类油物理的吸附在由第一批化学吸附的捕收剂形成的覆盖物上面，形成次级吸附，结果似乎是第一批捕收剂分子烃链的接长"。1970 年第九届国际选矿会议上有关于捕收剂与烃类、醇类及环烃类的组合使用的报道[89]，认为一定结构的非极性油辅助剂的作用是由于"共吸附"能促进捕收剂薄膜的缔合作用，当时认为非离子性的极性-非极性辅助剂的作用几乎全部是由于"共吸附"。

对于在浮选体系中有非极性油存在时能提高浮选指标，中外学者提出了以下几点理由[90~93]：（1）离子型捕收剂以其极性基团固着于矿物表面上，中性油则聚集在其烃基的一端，以范德华力与其非极性基发生缔合，形成层叠型共吸附，等于延长了捕收剂的烃链长度；非极性油与捕收剂的共吸附效应可以减少所需捕收剂用量，并因此而降低药剂费用，因为非极性油比捕收剂便宜。（2）中性油以范德华力独立吸附于矿物表面，产生穿插型共吸附。（3）中性油富集于矿物-气泡的三相润湿周边，增加了捕收剂的吸附密度，起着第四相的作用。由于中性油的存在，增强了气泡-颗粒的黏附，因而提高了可浮选矿物的疏水性；改善了泡沫的矿化作用和排水速率，因而减少了细粒物料的机械夹带和达到了更好的选择性；但用量过多时会导致效果下降，因为中间油层过厚，联系容易断裂。（4）防止了因存在矿泥而出现的过度起泡现象，中性油起消泡和稳定泡沫的作用，这样有利于浮选选择性的提高，且研究表明：阴离子捕收剂最好采用高黏性油配合，而阳离子捕收剂则用低黏性油配合较好。（5）消除因使用过量捕收剂时经常发生的夹带现象，及其导致的杂质组分的回收率过高问题，因此提高了粗粒物料的回收率。（6）当用量很大时，有油团聚的作用，此时以中等密度的中性油最好。

1.3.2　非极性油在浮选中的应用

非极性油作为捕收剂、辅助捕收剂以及油团聚桥连液已经在浮选天然疏水性、亲水性矿物以及微细粒矿物等方面得到了广泛应用。非极性油作为疏水性矿物如辉钼矿、石墨、天然硫、滑石、煤以及雄黄等的捕收剂已经得到广泛的应用[94~96]。关于浮选天然亲水性氧化矿物、盐类矿物以及硅酸盐矿物过程中非极性油作为辅助捕收剂的应用也有大量的报道[97~106]。

Taggart[97]在 1945 年首次提出以燃料油为胺类捕收剂的辅助捕收剂，并将其应用于闪锌矿异极矿的浮选；Glembotsky[98]指出在铁矿阴离子反浮选工艺中，将脂肪酸与燃料油乳化后作为捕收剂可以获得更好的指标；据 Araujo 和 Souza[99]报道，在铁矿阳离子反浮选中添加非极性油作为辅助捕收剂可以减少胺的用量，并且浮选指标未见降低；Sis[100]指出在磷矿浮选过程中以非极性油作为辅助捕收剂不但能减少油酸用量，而且能够改善泡沫性能，防止过度起泡的现象；Perei-ra[101]研究了用非极性油替代部分醚胺捕收剂的技术和经济可行性，该技术的关键是将油相物质乳化到胺类捕收剂溶液中，采用 Tergitol TMN-10 乳化剂，胺与油的比例为 4∶1，乳化剂与油的比例为 1∶19，可获得最佳指标；Peres[102]指出使用胺与燃料油或煤油以及 MIBC 的乳化捕收剂可以减小菱锌矿浮选的矿浆 pH 值，在常规工业浮选中矿浆 pH 值须控制到 12，且需要大量的硫化钠与碳酸钠调浆；据报道[103]在以黄药浮选硫化矿过程中，添加非极性油也能显著地提高工艺指标与降低捕收剂用量；美国专利[104]报道过在云母浮选过程中，采用牛脂胺与燃料油辅助捕收剂可大幅减少牛脂胺的用量，不过浮选中须添加起泡剂，因为燃料油影响了泡沫的稳定性；姜广大[15]在用十二烷基磺酸钠与煤油组合浮选赤铁矿的过程中，根据异凝聚理论，通过计算指出油滴更易于吸附在赤铁矿表面，并指出中性油用量超过 50% 后，气-固之间油层变厚，当气泡带着矿粒上升过程中由于机械碰撞，气-固从油层断裂而矿粒脱落，使浮选指标明显下降；H. Soto 等人[105]用阳离子捕收剂从白云石中选择性浮选磷酸盐矿物的研究中，添加煤油对十八胺的浮选效果影响明显，单用十八胺浓度大于 10^{-3} mol 才能使磷灰石完全上浮，当与煤油组合时，胺的浓度 10^{-4} mol 即可使磷灰石的回收率从原来的 10% 提高到接近 100%。

疏水性絮凝-浮选是一种处理微细粒矿物有效的工艺，而非极性油作为桥连液对疏水性颗粒形成的聚团有强化作用。传统的油团聚工艺中，非极性油是与预先疏水化的矿物表面相接触，黏附在矿物表面后发生铺展现象，在表面形成油膜或者油环，进而颗粒相碰撞接触形成絮团。油团聚浮选工艺已经用于分选细粒疏水性硫化矿[106]、亲水性氧化矿[107,108]、盐类矿物[109]以及细粒煤[110,111]等。

1.4　表面活性剂在选矿中的应用研究进展

能够显著降低溶剂表面张力和液-液界面张力的物质称为表面活剂。表面活性剂具有亲水、亲油的性质，能起到乳化、分散、增溶、洗涤、润湿、发泡、消泡、保湿、润滑、杀菌、柔软、抗静电、防腐蚀等一系列作用。从结构上来看，表面活性剂由极性的亲水基与非极性的亲油基两部分组成，因此表面活性剂具有两亲性质。按照亲水基的结构不同一般有以下四类表面活性剂：阴离子型表面活性剂、阳离子型表面活性剂、两性离子表面活性剂以及非离子型表面活性剂，另外还有一些特殊类型表面活性剂如高分子表面活性剂等[112~117]。

固-液界面特性，如疏水性、分散性和 Zeta 电位等，可以通过表面活性剂或聚合物的吸附而发生明显的变化。在矿物浮选过程中，捕收剂多为具有表面活性的有机物，诱导着矿物表面的疏水化作用，从而控制着矿物的可浮性。为了表达这种润湿性的变化，有人提出了"捕收系数"的概念[118]，认为表面活性剂溶液的表面张力是控制润湿性的重要因素。因此，利用表面活性剂的复配作用规律，添加少量增效剂，使得捕收剂溶液的表面张力大幅度降低，是提高捕收剂捕收性能、增大捕收系数的一种有效方法[119]。

1.4.1　表面活性剂溶液的性质及其在选矿中的应用

表面活性剂溶液的表面性质与溶液内部性质密切相关，表面活性剂水溶液的物化性质随浓度而变化，此类溶液的许多平衡性质和迁移性质在溶液达到一定浓度后就偏离一般强电解质溶液的规律，并且，各种性质都在一个相当窄的浓度范围内发生突变。例如，表面张力、黏度、折射率、光散射强度等物理化学性质皆呈现这种规律。造成这种现象的原因是表面活性剂在溶液内部形成了胶团，这个形成胶团的浓度即为临界胶束浓度 CMC，表面活性剂浓度超过 CMC 后对不溶物有加溶作用，能够起到分散、乳化、加溶的作用[112~117]。

表面活性剂的两亲性结构决定了其在界面吸附和缔合的特殊性质，表面活性剂的亲水基团促使分子有进入水的趋向，而其疏水部分则竭力阻止其在水中溶解，会诱导其从溶剂内部迁移出水相。这两种趋势平衡的结果是表面活性剂在表面富集，亲水基团朝向水相，疏水基朝向气相，表面活性剂就会在气液界面发生吸附。当溶液浓度很低时，表面活性剂分子以单个分子形式存在，并聚集在气液界面，引起水的表面张力降低；当表面活性剂在界面的吸附达到饱和时，不但表面上聚集的溶质分子增多，形成单分子层，而且溶液体相内，表面活性剂分子发生自聚，疏水链向里靠在一起形成内核，远离水环境，而将亲水基朝外与水接触形成外层，引起胶团的形成。大量研究表明浮选过程中，在浓度低时，长链捕收剂以单个离子状态在矿物表面吸附；而在浓度较高时，被吸附的表面活性剂离子烃链之间靠范德华力发生缔合，这时捕收剂的浓度还低于 CMC 并非形成了胶团，在浮选中这称之为"半胶团"。浮选正是借助表面活性剂在固液界面半胶束吸附，对矿物选择性疏水化，以实现矿物之间的分离[119]。

1.4.2 组合表面活性剂溶液的性质

表面活性剂的表面活性主要取决于分子结构特点，即疏水基与亲水基的组成，但又与体系所处的物理化学环境有密切关系。实践中发现，一种表面活性剂与其他表面活性剂组合，其溶液的物理化学性质有明显变化，尤其是混合溶液的 CMC 和表面张力，即表面活性会显著改善。

在浮选体系中，采用组合捕收剂往往比单一捕收剂有更好的浮选效果，这是因为捕收剂之间相互促进的"协同作用"。自浮选药剂组合使用以来，科研工作者针对组合药剂提效的机理做了大量的研究，而组合用药增效的本质就是具有表面活性的混合物在固-液界面定向吸附。这些表面活性剂之间的组合主要包括离子型表面活性剂与非离子型表面活性剂组合，阴离子表面活性剂、阳离子表面活性剂组合体系以及离子表面活性剂与长链极性有机物之间的组合[112~117]。

（1）离子型表面活性剂与非离子型表面活性剂组合体系。

离子型表面活性剂与非离子型表面活性剂之间的分子相互作用，从结构上考虑，主要是极性基头之间的离子-偶极子相互作用。在离子表面活性剂体系中加入少量非离子表面活性剂，溶液的表面活性会发生变化，溶液的 CMC 和表面张力会明显下降。这是因为非离子表面活性剂与离子表面活性剂在水溶液中形成了胶团，非离子表面活性剂分子"插入"表面活性剂离子之间。离子表面活性剂吸附时，本身由于同电荷相斥，分子之间排列的不够紧密，占有的分子横截面积较大；加入非离子表面活性剂后，由于疏水效应和可能产生的偶极-离子相互作用，非离子表面活性剂易插入松散的离子表面活性剂吸附层中，减小了同电荷之间的斥力，增大了疏水链密度，加上两种表面活性剂分子烃链的疏水性互作用，在组合溶液中较易形成胶团，于是表面活性提高。

（2）阳离子型表面活性剂与阴离子型表面活性剂组合体系。

这两种表面活性剂组合，必然产生正、负表面活性离子之间的强烈电性相互作用，使表面活性提高。阴离子表面活性剂与阳离子表面活性剂相互作用的本质主要是电性相反的表面活性离子之间的静电吸引作用和烃链间的"疏水作用"。与单一离子表面活性剂相比，除疏水作用外，不但没有同电荷之间的斥力，反而增加了正、负电荷间的引力，只要离子型表面活性剂与少量电性相反的表面活性剂组合，溶液的表面张力大为下降。于是在溶液中胶团更易形成，在表面或界面上更易吸附。

（3）离子型表面活性剂与长链极性有机物组合体系。

　　长链有机物一般是指碳原子数较多（大于或约等于6）的长链醇、胺、羧酸等，其化学结构与表面活性剂相似，由非极性烃链和一端的极性基头组成，只是极性基头的相对极性不够，不足以形成胶团，溶度很小。然而，少量的这种极性有机物存在，会使离子型表面活性剂水溶液的 CMC 下降，特别是使溶液的最小表面张力降至极低值，大大提高了表面活性，但这些长链极性有机物与非离子表面活性剂的相互作用并不大。造成这种现象的原因是因为在单一离子表面活性剂吸附层中，由于离子表面活性剂极性头基的同电荷之间的相互排斥，导致表面活性离子之间排列得不够紧密，因而平均分子面积较大，这些长链极性有机分子易于通过疏水效应插入表面活性离子之间而吸附，形成紧密的表面分子定向排列，从而降低了表面张力，提高了表面活性。

　　浮选过程中组合用药所涉及的表面活性剂增效机理如上所示，如铁矿浮选中将脂肪胺与脂肪醇组合使用[20,79]，油酸与十二烷基苯磺酸钠组合浮选磷灰石[121]，正是典型的离子型表面活性剂与长链极性有机物组合；十二胺盐酸盐与油酸钠组合使用浮选赤铁矿[26]、石英以及云母[25]，十二胺与黄药组合浮选白钨矿[14]，正是典型的阴、阳离子表面活性剂组合使用；而磷矿、白云石浮选过程使用油酸钠与壬基酚聚氧乙烯醚[19]正是离子型表面活性剂与非离子型表面活性剂组合使用。

1.4.3　表面活性剂对非极性油的乳化分散作用

　　非极性油是浮选中常用的捕收剂以及辅助捕收剂，为了提高油滴的分散性优化浮选效果，常常会使用表面活性剂作为非极性烃的乳化剂。这是因为在油-水体系中加入表面活性剂后，表面活性剂必然在油水界面发生吸附，使界面张力降低，形成界面膜。该界面膜具有一定的强度，对分散相液珠有保护作用，使得液珠在相互碰撞时不易聚结，形成一种油滴分散于另一种不相混溶的液体中形成的多相分散系，即乳状液[113~114]。

　　在浮选过程中，乳化剂提高了油滴的分散度，乳化浮选过程中，烃类油已被预先分散成小颗粒，这样就加快了其在矿浆中的扩散速度，与矿粒接触时间缩短，增加了气泡与颗粒碰撞的概率，并且使得随之发生的气泡与颗粒间黏附的概率也相应增大，优化了浮选效果。自表面活性剂水溶液的表面吸附研究，发现纯的单一表面活性剂所形成的界面吸附膜排列不够紧密，而组合表面活性剂以及混有杂质一般商品表面活性剂，其表面活性比纯表面活性剂高，同时膜强度大为提高，界面吸附分子排列紧密。基于此种概念，推广于油-水界面，发现组合乳化剂中的两多组分在界面上吸附后形成"复合物"组合界面膜，定向排列更为紧密，产生的乳状液更为稳定。组合用药中多用非极性油作为辅助捕收剂，那么具有表面活性的捕收剂或者助捕收剂即可成为油滴乳化剂，一方面捕收剂作为乳化剂优化了油滴分散性，另一方面非极性油可以减少主捕收剂的用量。

1.5 捕收剂吸附过程中的分子模拟研究进展

分子模拟技术集现代计算化学之大成，包括量子力学方法、分子力学及分子动力学模拟等方法[122~127]。分子模拟可计算体系的各种物理化学性质，借以比较各种近似理论，从而验证理论的正确性；也可模拟现代实验方法还无法考察的现象与过程，从而发展新的理论；可研究化学反应的路径、过渡态、反应机理等十分关键的问题；能代替以往的化学合成、结构分析、物性检测等实验而进行新材料的设计，可有效缩短新材料研制的周期，降低开发成本。

量子力学方法（Quantum Mechanics，简称 QM）[122,123]是以原子分子的微观结构模型为基础，在合理的近似条件下，利用量子力学原理求解体系的 Schrödinger 方程来研究原子、分子和晶体的电子结构、电荷分布、化学键以及它们的各种光谱、波谱和电子能谱的特征性质分子模拟方法。因 Schrödinger 方程的求解方法不同，产生了多种计算方法，早期的半经验分子轨道量子化学计算方法有 CNDO、CNDO/2、MINDO 和 MINDO/3 等。进入 20 世纪 90 年代，迅速发展起来一种新型的量子化学方法——密度泛函理论（Density Functional Theory，简称 DFT），它改变了以往分子轨道计算方法以轨道波函数为基的特点，转而以电子的密度函数为基，并由此发展出自旋密度泛函近似（LSDA）、广义梯度近似（GGA）、密度泛函与分子轨道的杂化（B3LYP）等方法[125,126]。和分子轨道方法相比，密度泛函理论具有计算量小和精度高的特点，通过 DFT 方法可以分析化学反应的反应机理、直观描述分子化学性质、预测反应过程中反应物激发态和过渡态的几何构型等。目前该方法已成为生物化学、药物设计和材料研究等方面的有力工具。

1.5.1 捕收剂分子构效关系的量子化学研究

浮选药剂的大多数性质都决定于它的电子结构，即电子的空间与能量分布。随着分子力学、分子动力学、量子化学等计算化学理论的不断发展，以及计算机技术的飞速发展，量子化学计算在浮选药剂的分子设计中已得到越来越多的应用。国内外研究人员通过对不同浮选药剂结构的分子进行量化计算，对药剂结构与浮选性能关系方面进行了大量的基础研究工作，相继提出了一些浮选药剂的作用机理理论及浮选药剂选择和设计的方法。而量子化学计算方法对于浮选药剂的结构、物理性质、反应机理和反应活性，都能提供系统而可信的解释并做出一些指导实践的预测，使得浮选药剂分子结构的探讨比较方便地从分子水平进入到反应机理层次。

自 1962 年美国化学家 Hansch 与 Free 等人建立的定量结构-活性关系

（QSAR，Quantum Structure-Activity Relationship），在此基础上发展起来的定量结构-性质（QSPR，Quantum Structure-Property Relationship）研究方法已被广泛地应用于各个领域[124,127,128]。国内外研究人员采用量子化学方法对不同浮选药剂结构的分子进行量化计算，对药剂结构与浮选性能关系方面进行了大量的基础研究工作，其热点问题主要集中在探索捕收剂的分子结构和药剂分选效率之间的关系，即采用量子化学方法计算出表征捕收剂分子内部特征的参数：如 HOMO（最高占有轨道）能量、LUMO（最低空轨道）能量、偶极距、电荷分布和 Fukui 指数等，然后由量化参数与选矿效率（实验数据）的关系分析捕收剂分子结构对分选性能的影响，进而探讨可能的作用机理。

量子化学理论认为分子的结构参数与分子的分选特性直接相关。大量的研究表明捕收剂化学活性与分子前线轨道（FMO）能量与组成息息相关，在前线轨道中影响最大是分子最高占据轨道与最低空轨道。就捕收剂单分子而言其 HOMO 能量越高，电子越易供出，而 LUMO 能量越低，越容易接受电子，即捕收剂与矿物的成键愈牢固，捕收性能愈好。而按照化学反应性的前线分子轨道理论[129]，过渡态的形成是由于反应物的前线轨道的相互作用导致的。对于化合物本身来说，轨道能级差 $\Delta E_{(HOMO-LUMO)}$ 是一个重要的稳定性指标，这里的能级差指的是药剂与矿物之间的能级差。$\Delta E_{(HOMO-LUMO)}$ 值大意味着具有高稳定性，在化学反应中有低的反应活性；而 $\Delta E_{(HOMO-LUMO)}$ 值小时，则易给出电子，具有高的反应活性。分子中电荷分布决定了分子的物理化学性质，且与分子在矿物表面的吸附状态密切相关，因此在一定程度上影响着吸附作用。

华南理工大学夏启斌等人[130]将量子化学的从头计算法应用在 Hartee-Fock-Roothan 方程中，对苯甲羟肟酸和苯甲氧肟酸分子轨道进行自洽处理，发现相对于乙羟肟酸，苯甲羟肟酸与矿物静电作用变小，正配键的能力降低，接受电子形成反馈键能力增强，使苯甲羟肟酸选择性提高；夏柳荫[131]用密度泛函的 B3LYP/6-31G 机组计算了新型 Gemini 阳离子捕收剂的性质；钟宏等人[132]同样采用该基组计算了三氧硅烷 Gemini 阳离子捕收剂的性质，两种新型药剂均证实为铝硅酸盐矿物有效的捕收剂；Yekeler[133]用 DFT 方法研究了 2-巯基苯并噻唑和它的 6-甲基及甲氧基衍生物的相关性质，以预测其捕收能力；刘广义等人[134]用 DFT 方法优化了硫化矿捕收剂硫代磷酸分子结构并研究了分子的构效关系，他们[135]还研究巯基苯并杂环化合物的结构-活性关系；胡岳华等人[136]系统研究了铝土矿反浮选系列季铵盐阳离子捕收剂的定量结构-活性关系（QSAR 关系），建立了药剂选矿效率与各药剂对应的量子化学参数的数学模型。

1.5.2　捕收剂-矿物界面体系的分子模拟研究

捕收剂与矿物界面的作用非常复杂，在捕收剂机理的量子化学研究中，仅考虑孤立的捕收剂分子是不够的，还需综合考虑矿物界面的情况。因此研究人员开始将目光转向捕收剂-矿物界面体系的研究。这些研究揭示了捕收剂分子的反应活性和选择性及其在矿物表面的吸附行为和规律，对深入认识捕收剂吸附机理有重要意义。但总体来看，目前国内外采用捕收剂-矿物界面体系开展吸附机理研究的工作还比较少。

　　Hung 等人[137]运用基于密度泛函理论 DFT 的第一性原理方法，计算了黄药在黄铁矿（110）和（111）面的吸附过程，并比较和分析矿物吸附捕收剂前后黄铁矿表面的 Mulliken 电荷布居、电子密度差图和态密度等；Pradip[138,139] 在"分子模拟与合理浮选药剂设计"一文中系统综述了在浮选药剂设计过程中提供指导性和预测药剂反应活性的分子模拟案例，他们[140]还应用分子模拟研究了二磷酸系列表面活性剂在钙质矿物表面的吸附过程；Rath 等人[141]运用第一性原理方法对比研究了油酸与赤铁矿、磁铁矿以及针铁矿之间的相互作用，在模拟过程中，将最优化的药剂分子结构导入到最稳定的矿物解理面，通过计算药剂-矿物间的相互作用能比较药剂与矿物作用的强弱，发现油酸最易于吸附在磁铁矿表面；陈建华等人[142]通过计算方铅矿（100）与黄铁矿（100）面在吸附捕收剂前后的电子结构与性质，并通过分析密度态的变化研究了黄原酸盐、二硫代磷酸盐以及二硫代氨基甲酸盐对方铅矿及黄铁矿选择性的差异的根本原因。

1.5.3　分子动力学模拟在捕收剂吸附机理研究中的应用

　　但是由于量子化学计算涉及电子的运动和电子间的相关性，其计算工作量庞大，在目前计算机的硬件条件下，该方法只能用于处理小体系（包含几十到几百个原子的体系）的静态问题，无法对大体系以及系统状态随时间演化的过程进行描述。随着浮选理论研究的发展，捕收剂吸附机理的研究迫切要求从静态向动态，从小体系向纳米、介观尺度过渡。分子动力学模拟是解决此类问题的最佳途径。和量子化学计算方法相比，分子动力学模拟不考虑电子的运动情况，而把原子作为最小单元，所以可以处理更大的体系，其独有的 MD 约束技术和 SMART 结构优化方法集中了最陡下降法、共轭梯度法及牛顿法的优点，因此分子动力学模拟有计算量小的优点，适用于大体系的模拟[123,126,127]。

　　分子力学方法[127]（Molecular Mechanics，简称 MM）起源于 1970 年，是依据经典力学的计算方法。该计算方法依据玻恩-奥本海默近似（Born-Oppenheimer approximation）原理，忽略电子运动的过程，将系统的能量视为原子核位置的函数，通过分子力场来计算分子或体系的各种特性。分子动力学模拟[123]（Molecular Dynamics Simulation，简称 MD），是时下被广泛采用的研究复杂系统的方法。自 1970 年起，由于分子动力学的发展迅速，人们又系统地建立了许多适用于生化分子体系、聚合物、金属与非金属材料的力场，使得计算复杂体系的结构与一些热力学与光谱性质的能力及精确性大为提高。分子动力学模拟是应用这些力场及根据牛顿运动力学原理所发展的计算方法，通过该方法可获得系统的动态与热力学统计信息，并可广泛地适用于各种系统及各类特性的探讨。

众多的学者通过分子动力学模拟研究过捕收剂在矿物表面吸附的过程。徐龙华等人[143]通过分子动力学模拟了真空中十二烷基三甲基氯化铵（DTAC）在高岭石表面的吸附过程，模拟结果表明其（0 0 1）更易吸附 DTAC 分子，而端面（0 1 0）和（1 1 0）对 DTAC 分子的吸附能力比（0 0 1）面小；孙伟等人[144]通过实验研究了苯甲羟肟酸（BHA）对云南微细粒难选含锡硫化矿的浮选行为，利用分子动力学模拟探讨了 BHA 在锡石表面的作用机理，模拟结果表明 BHA 在锡石的极完全解理面（1 1 0）上的吸附能远小于其在方解石（1 0 4）面的吸附能；王振等人[145]通过分子动力学模拟考察了氯化十六烷基吡啶（CPC）对氧化钼和磷灰石的浮选性能及其作用机理，模拟结果表明 CPC 阳离子更易与氧化钼颗粒发生吸附；Yang 等人[146]应用 MD 方法采用 CLAYFF 力场模拟了铀酰$(UO_2)^{2+}(H_2O)_5$ 在高岭石（0 0 1）面的吸附过程；Pradip 等人[147]采用 UFF 力场模拟了油酸与十二胺盐酸盐与复杂的铝硅酸盐矿物锂辉石、硬玉、长石以及云母的吸附过程，经过 MD 模拟发现阴离子型捕收剂油酸钠是通过化学吸附吸附在矿物表面，而阳离子型捕收剂十二胺盐酸盐是通过物理吸附吸附在矿物表面；陶坤等人[148]从分子动力学模拟的角度研究了有机抑制剂 BKY-1 在黄铜矿、黄铁矿表面的吸附，模拟结果表明相互作用能的差异是导致 BKY-1 选择性抑制的原因；Miller 等人[149]通过分子动力学模拟了云母与水溶液之间的界面现象，模拟结果表明由于存在氢键作用，云母疏水的极完全解理面底面并没有直接与水分子接触，而十二烷基三甲基溴化铵（DTAB）却可以通过疏水作用优先吸附云母底面，而由于云母边界面上的 Si—O 和 Mg—O 键的断裂，导致其可与水偶极子形成强氢键，使其边界面亲水，模拟结果从分子层面解释了云母亲水性的原因。

1.6　研究的意义和主要内容

1.6.1　研究的意义

铁矿石是钢铁工业最主要的基础原料，随着钢铁产量的迅速增加，我国钢铁企业对铁矿原料的需求越来越大，对铁精矿质量的要求也越来越高。我国铁矿资源存在原矿品位低、组成复杂、嵌布粒度细等特点，就磁铁矿而言，其伴生脉石矿物主要为石英，经过磁选所得的磁选铁精矿中含磁铁矿和石英连生体无法去除，导致磁选铁精矿中 SiO_2 含量一般为 7%~12%，石英含量高则高炉利用系数降低，炼铁成本增加。余永富院士率先提出了"提铁降硅"的学术思想，在铁矿浮选的工业实践中反浮选脱硅工艺已被证实是解决铁矿粗精矿硅含量过高的问题最为有效的方法。

铁矿反浮选脱硅工艺主要有阴离子反浮选工艺以及阳离子反浮选工艺。阴离子反浮选工艺药剂制度复杂，需加入 Ca^{2+} 活化剂，由于油酸系列阴离子捕收剂低温下溶解分散性差，通常需要加温至 30℃ 左右才有较好浮选效果。阳离子反浮选工艺较阴离子反浮选工艺而言药剂制度简单，药剂种类少，无需再添加活化剂，药剂消耗低。

阳离子反浮选工艺的核心是阳离子捕收剂，阳离子捕收剂是一类广泛应用于金属矿反浮选、非金属矿浮选、盐类矿物浮选等领域的重要药剂，阳离子反浮选脱硅工艺是一项很有前景的工艺，然而仍有以下几个问题亟待解决：（1）阳离子捕收剂的药剂种类少、合成成本高，需要通过提效降低药剂成本；（2）传统胺类捕收剂浮选过程中泡沫量大、泡沫发黏、流动性差且消泡困难，在工业上使用容易发生跑槽现象；（3）传统胺类药剂溶解度小、分散性差，需加酸才能在溶液中具有良好的溶解性，酸性介质对设备腐蚀严重；（4）传统胺类阳离子捕收剂在低温下分散性不好，矿浆需加温 15℃ 以上，加温浮选会造成高能耗导致选矿成本增高。

本书从药剂组合的理念出发，以非极性烃作为辅助捕收剂部分替代价格昂贵的胺类药剂，配置油性互溶的胺-辅助捕收剂组合药剂，使用这种油溶性药剂以避免添加盐酸使胺类阳离子捕收剂酸化成盐的过程，同时未酸化的胺类药剂不会出现过强的起泡能力可以防止传统药剂出现的跑槽现象。此外，非极性烃作为胺类药剂的稀释剂以及溶剂与载体，提高了油状的胺的分散性。本书致力于探讨磁铁矿反浮选脱硅药剂组合使用的基础理论问题，开发高效的磁铁矿反浮选脱硅药剂组合，探索组合捕收剂的作用条件和作用机理，为阳离子浮选捕收剂组合用药提供科学依据。

1.6.2 研究的内容

本书针对阳离子反浮选脱硅工艺存在的难题，以磁铁矿与主要的脉石矿物石英作为研究对象，根据组合用药的理念，将阳离子捕收剂、非极性油以及表面活性剂三者有机结合，以表面活性剂-捕收剂混合物在气-液、液-油和固-液界面上的吸附过程与协同作用作为研究方向，开展"提铁降硅"烃类油辅助磁铁矿阳离子捕收剂反浮选提效机理研究。

本书的技术路线如图 1-4 所示。本书的主要研究内容包括以下几个方面：

首先以经典阳离子捕收剂十二胺与传统辅助捕收剂煤油作为研究对象，在宏观层面研究其对粗、细粒石英的浮选行为的影响；在介观层面系统地探讨了十二胺-煤油二元混溶捕收剂的物理化学性质包括混溶度、凝固点以及黏度，十二胺-煤油油珠表面荷电性质以及乳液粒度分布规律。并在以上研究的基础上，在微观层面构建十二胺-煤油混溶捕收剂与石英相互作用的模型，确定通过煤油作为十

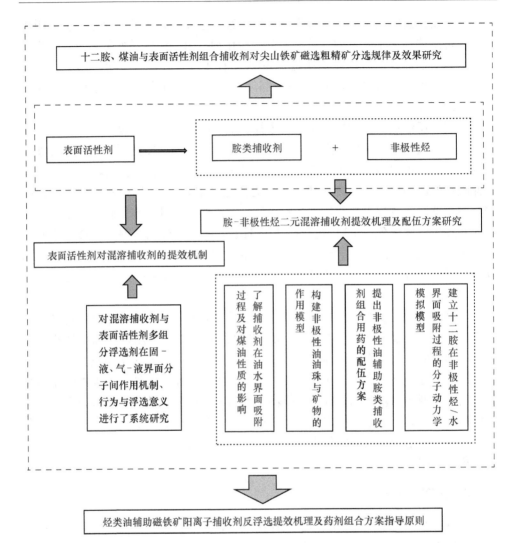

图 1-4   技术路线

二胺辅助捕收剂强化提效效果的关键因素。

　　对比了多种油溶性药剂作为辅助捕收剂以寻求最佳的药剂配伍方案。在微观层面采用分子动力学模拟方法研究十二胺在不同非极性烃/水界面的吸附性质，考察油相性质对捕收剂在油/水界面吸附性质的影响，从微观上揭示捕收剂在油水界面的吸附规律，建立非极性烃-捕收剂组合用药理论计算模型，指导开发新型辅助捕收剂。

　　在确定最优化二元混溶捕收剂组合之后，将表面活性剂引入其中形成三元混溶捕收剂，并采用表面张力测定、红外光谱分析、吸附热测试和浮选试验等手段，分别讨论表面活性剂与捕收剂组合使用对药剂表面活性、吸附机制和矿物可浮性的影响。

最后以纯十二胺、十二胺–煤油以及表面活性剂与十二胺–煤油的组合药剂作为捕收剂，探讨了不同捕收剂对尖山铁矿磁选粗精矿各个粒级原矿的分选规律，并通过闭路流程试验对比了其对尖山铁矿磁选粗精矿的分选效果。

参 考 文 献

[1] 王淀佐，林强，蒋玉仁. 选矿与冶金药剂分子设计 [M]. 长沙：中南工业大学出版社，1996：31-131.

[2] 林强. 浮选药剂活性–选择性原理与活性屏蔽–恢复假说 [C] //第二届全国青年选矿学术会议论文集. 无锡：中国金属学会，1990：222-225.

[3] Rao K H, Forssberg K S E. Mixed collector systems in flotation [J]. International Journal of Mineral Processing, 1997 (51)：67-79.

[4] 张闿. 浮选药剂的组合使用 [M]. 北京：冶金工业出版社，1994.

[5] 吴多才. 国外混合用药及其协同效应的研究 [J]. 国外金属矿选矿，1983 (1)：24-26.

[6] 弗利波夫. 非硫化矿物浮选中混合捕收剂的协同作用 [J]. 国外金属矿选矿，2007 (10)：13-16.

[7] Acarkan N, Bulut G, Gul A, et al. The effect of collector's type on gold and silver flotation in a complex ore [J]. Separation Science and Technology, 2011, 46 (2)：283-289.

[8] 张钦发，田忠诚. 混合甲苯胂酸对锡石的浮选作用机理 [J]. 矿冶工程，1989 (1)：19-21.

[9] Keith Q. Flotation of hematite using C_6-C_{18} saturated fatty acids [J]. Minerals Engineering, 2006 (19)：582-597.

[10] Ana M V, ANTONIO E C P. The effect of amine type, pH, and size range in the flotation of quartz [J]. Minerals Engineering, 2007 (20)：1008-1013.

[11] L O Filippov, I V Filippova, V V Severov. The use of collectors mixture in the reverse cationic flotation of magnetite ore：the role of Fe-bearing silicates [J]. Minerals Engineering, 2010 (23)：91-98.

[12] Ibrahim Sönmez, Yakup C. Performance of classic oils and lubricating oils in froth flotation of U-kraine coal [J]. Fuel, 2006 (85)：1866-1870.

[13] K Lee, D Archibald, J Mclean, et al. Flotation of mixed copper oxide and sulphide minerals with xanthate and hydroxamate collectors [J]. Minerals Engineering, 2009 (22)：395-401.

[14] Majiad E, Mehidi I, Mahidi G. Influence of important factors on flotation of zinc oxide mineral using cationic, anionic and mixed (cationic/anionic) collectors [J]. Minerals Engineering, 2011 (24)：1402-1408.

[15] 姜广大，李建增. 异凝聚理论在赤铁矿浮选中的应用 [J]. 矿冶工程，1985 (2)：

25-31.

[16] 季荣, 甘顺鹏, 黄银广, 等. 一种从原生钾石盐矿中提取氯化钾的工艺: 中国, CN201010519195. 2 [P]. 2011-04-13.

[17] 高桥克侑, 若松贵英, 唐林生. 氨基酸对矿-水界面黄药吸附的影响 [J]. 国外金属矿选矿, 1985 (3): 17-25.

[18] N O Lotter A, D J Bradshaw. The formulation and use of mixed collectors in sulphide flotation [J]. Minerals Engineering, 2010 (23): 945-951.

[19] H SIS S. Chander. Improving froth characteristics and flotation recovery of phosphate ores with nonionic surfactants [J]. Minerals Engineering, 2003 (16): 587-595.

[20] Vidyadhar A, Hanumantha R K, Chernyshova I V, et al. Mechanisms of amine-quartz interaction in the absence and presence of alcohols studied by spectroscopic methods [J]. Journal of Colloid and Interface Science, 2002 (256): 59-72.

[21] 刘广义, 卢毅屏, 戴塔根. 阳离子聚丙烯酰胺反浮洗分离一水硬铝石和高岭石 [J]. 金属矿山, 2003 (2): 48-51.

[22] 胡永平, 张毅谦. 组合捕收剂浮选细粒钛铁矿的研究 [J]. 有色金属, 1994, 46 (3): 31-36.

[23] 任俊. 稀土浮选组合用药与共协效应研究 [J]. 有色金属 (选矿部分), 1992 (3): 6-9.

[24] 葛英勇, 李洪强, 朱鹏程, 等. 烷基丙二胺与醚胺组合反浮选石英性能研究 [J]. 武汉理工大学学报, 2011, 33 (1): 113-116.

[25] Li W, Wei S, Hu Y H, et al. Adsorption mechanism of mixed anionic/cationic collectors in Muscovite-Quartz flotation system [J]. Minerals Engineering, 2014 (64): 44-50.

[26] A Vidyadhar, N Kumari, R P Bhagat. Adsorption mechanism of mixed collector systems on hematite flotation [J], Minerals Engineering, 2012 (26): 102-104.

[27] Majid E, Mehid I, Mahid G. Influence of important factors on flotation of zinc oxide mineral using cationic, anionic and mixed (cationic/anionic) collectors [J]. Minerals Engineering, 2011 (24): 1402-1408.

[28] B McFadzean, S S Mhlanga, C T Connor. The effect of thiol collector mixtures on the flotation of pyrite and galena [J]. Minerals Engineering, 2013 (50-51): 121-129.

[29] H Sis A, G Ozbayoglu, M Sariyaka. Comparison of non-ionic and ionic collectors in the flotation of coal fines [J]. Minerals Engineering, 2003 (16): 399-401.

[30] A T Makanza, M K G Vermaak, J C Davidzt. The flotation of auriferous pyrite with a mixture of collectors [J]. International Journal of Mineral Processing, 2008 (86): 85-93.

[31] K Lee, D Archibald, J McLean, et al. Flotation of mixed copper oxide and sulphideminerals with xanthate and hydroxamate collectors [J]. Minerals Engineering, 2009 (22): 395-401.

[32] I V Filippova, L O Filippov, A Duverger, et al. Synergetic effect of a mixture of anionic and nonionic reagents: Ca mineral contrast separation by flotation at neutral pH [J]. Minerals Engineering, 2014 (66-68): 135-144.

[33] 见百熙. 浮选药剂 [M]. 北京: 冶金工业出版社, 1951, 353-382.

［34］王淀佐. 浮选药剂的发展和新概念［J］. 湖南冶金，1983（5）：60-64.

［35］梁瑞禄，石大新. 浮选药剂的组合使用及其协同效应［J］. 国外金属矿选矿，1989
　　　（4）：18-29.

［36］朱玉霜，朱建光. 浮选药剂的化学原理［M］. 长沙：中南工业大学出版社，1996.

［37］朴赞勋，廖美兰. 关于非硫化矿物浮选时用两种捕收剂的捕收作用［J］. 国外金属矿选
　　　矿，1979（8）：1-3.

［38］吴多才. 国外组合用药及其协同效应的研究［J］. 国外金属矿选矿，1983（1）：24-26.

［39］徐晓军. 有机螯合剂活化难浮矿物的研究［J］. 云南冶金，1991（1）：30-33.

［40］刘邦瑞. 螯合浮选剂［M］. 北京：冶金工业出版社，1982：60-71.

［41］蒋玉仁，胡岳华，曹学锋. 新型螯合捕收剂 COBA 结构与捕收性能的关系［J］. 中国有
　　　色金属学报，2001（8）：702-704.

［42］王淀佐，刘根强，胡岳华. 黑钨矿螯合剂中性油浮选研究［J］. 有色金属，1984（2）：
　　　41-46.

［43］吴文丽. 氧化铅锌矿浮选药剂的研究现状［J］. 金属矿山. 2010（9）：63-68.

［44］卢颖，孙胜义. 组合药剂的发展及规律［J］. 矿业工程，2007，5（6）：42-44.

［45］Takahide W，Yoshiaki N，Charn H P，等. 使用两种捕收剂浮选矿物的基础研究［J］. 国
　　　外金属矿选矿，1982（12）：14-19.

［46］葛英勇，陈达，余永富. 耐低温阳离子捕收剂 GE-601 反浮选磁铁矿的研究［J］. 金属
　　　矿山，2004（4）：32-34.

［47］Liu W G，Wei D Z，Wang B Y，et al. A new collector used for flotation of oxideminerals［J］.
　　　Transactions of Nonferrous Metals Society of China，2009，19（5）：1326-1330.

［48］Nguyen A V. New method and equations for determining attachment tenacity and particle size
　　　limit in flotation［J］. International journal ofmineral processing，2003，68（1）：167-182.

［49］Araujo A C，Viana P R M，Peres A E C. Reagents in iron ores flotation［J］. Minerals Engi-
　　　neering，2005（18）：219-224.

［50］刘静，张建强，刘炯天. 铁矿浮选药剂现状综述［J］. 中国矿业，2007，2（16）：
　　　106-108.

［51］Rodrigues O M S，Peres A E C，Martins A H，et al. Kaolinite and hematite flotation separation
　　　using ether amine and ammonium quaternary salts［J］. Minerals Engineering，2013（40）：
　　　12-15.

［52］Scott J L，Smith R W. Diamine flotation of quartz［J］. Minerals Engineering，1991，4（2）：
　　　141-150.

［53］Fuerstenau D W，Jia R H. The role of molecular structure of surfactants on the interfacial and
　　　flotation behavior of oxide minerals particularly quartz［C］//Proceedings of the XXIV Interna-
　　　tional Mineral Processing Congress，Beijing，China，2008.

［54］L O Filippov，V V Severov，I V Filippova. An overview of the beneficiation of iron ores via re-
　　　verse cationic flotation［J］. International Journal of Mineral Processing，2014（127）：62-69.

［55］Sekulić Ž，Canić N，Bartulović Z，et al. Application of different collectors in the flotation con-
　　　centration of feldspar，mica and quartz sand［J］. Minerals Engineering，2004（17）：77-80.

[56] 王春梅，葛英勇，等．GE-609 捕收剂对齐大山赤铁矿反浮选的初探 [J]．有色金属（选矿部分），2006（4）：41-43．

[57] 葛英勇，余永富，陈达，等．脱硅耐低温捕收剂 GE-609 的浮选性能研究 [J]．武汉理工大学学报，2005（27）：17-19．

[58] 邹文博，夏柳荫，钟宏．Gemini 型捕收剂对石英和磁铁矿的浮选性能 [J]．金属矿山，2011（6）：78-81．

[59] 伍喜庆，刘长淼，黄志华．一种铁矿物与石英分离的有效浮选药剂 [J]．矿冶工程，2005（2）：41-43．

[60] Liu W G, Wei D Z, Wang B Y, et al. A new collector used for flotation of oxide minerals [J]. Transactions of Nonferrous Metals Society of China, 2009 (19)：1326-1330.

[61] Wang Y H, Ren J W, The flotation of quartz from iron minerals with a combined quaternary ammonium salt [J]. International Journal of Mineral Processing, 2005 (77)：116-122.

[62] Weng X, Mei G, Zhao T, et al. Utilization of novel ester-containing quaternary ammonium surfactant as cationic collector for iron ore flotation [J]. Separation and Purification Technology, 2013 (103)：187-194.

[63] Белащ, ф, Н. Флотація железных руд, Москва, 1962, 15-16.

[64] Cooke, R B. Minerals Engineering, 1959 (11)：920-927.

[65] De Vaney Fred D. Froth flotation of oxide iron ore：US, 2470150 [P]. 1949.

[66] PERRY R E. Beneficiation of iron ores：US, 2769541 [P]. 1956.

[67] Golyashkin V V, Krylova G S. Method of estimating the efficiency of fire-fighting facilities：USSR Лат. CCCP, 1289511 [P]. 1987.

[68] Kihlstedt P G. International Journal of Mineral Processing Congress, Stookolm, 1957：559-570.

[69] ERBERICH, G. ibid, P. 572-573.

[70] БЕЛАШ, ф. Н. идр. ж., 1966 (5)：55-58.

[71] Sis H, Chander S. Reagents used in the flotation of phosphate ores：a critical review [J]. Minerals Engineering, 2003 (16)：577-585.

[72] Wang, Samuel S. (CHESHIRE CT), Smith Jr, et al. Process for beneficiation of non-sulfide ores：US, 4192739 [P]. 1980.

[73] Wang, Samuel S. (CHESHIRE CT), Smith Jr, et al. Collector combination for non-sulfide ores comprising a fatty acid and a sulfosuccinic acid monoester or salt：US, 4138350 [P]. 1979.

[74] Wang, Samuel S. (CHESHIRE CT), Smith Jr, et al. Process for beneficiation of phosphate and iron ores：US, 4207178 [P]. 1980.

[75] Polgaire J-L (NANCY FR), Pivette, Pierre (SUCY E B FR). Flotation method for oxidized ores：US, 4168227 [P].1979.

[76] Pivette P, Polgaire J. BR. 7706941 [P]. 1978.

[77] Hellsten M, Ernstsson M, Idstrom Bo. BR. 8600675 [P]. 1986.

[78] Rykov K E, Zablotskaya N P, Kovaleva Olga M, et al. Method of benefication of iron ores：

USSR，Лат. СССР，1090449［P］.1984.

［79］ Filippov L O, Filippova I V, Severov V V., The use of collectors mixture in the reverse cationic flotation of magnetite ore: the role of Fe-bearing silicates［J］. Minerals Engineering, 2010, 23（2）：91-98.

［80］ Filippov L O, Duverger A, Filippova I V, et al. Selective flotation of silicates and Ca-bearing-minerals: the role of non-ionic reagent on cationic flotation［J］. Minerals Engineering, 2012, （36-38）：314-323.

［81］ 张强，李正龙，王化军. 采用混合捕收剂选别东鞍山难选铁矿石的研究［J］. 金属矿山，1992（6）：43-48.

［82］ Zhang K. A study on the flotation of fine hematite by the combined use of collectors［J］. Proceedings of Metallurgical Society of Canadian Institute of Mining and Metallurgy, 1988, 219-226.

［83］ 梅光军，翁孝卿，饶鹏. 宜昌高磷赤铁矿反浮选提铁降磷试验研究［J］. 武汉理工大学学报，2010, 19（32）：93-97.

［84］ 谢兴中. 褐铁矿与脉石矿物浮选分离试验［D］. 长沙：中南大学，2011.

［85］ 蔡振波. 阳离子捕收剂用于铁矿石反浮选提铁降硅的研究［D］. 赣州：江西理工大学，2009.

［86］ Wang Y H, Ren J W. The flotation of quartz from iron minerals with a combined quaternary ammonium salt［J］. International Journal of Mineral Processing, 2005（77）：116-122.

［87］ 周军，钱鑫. 攀枝花细粒钛铁矿混合药剂浮选研究［J］. 矿冶工程，1996（16）：35-38.

［88］ ЛАВШИЙ А К. Цвет. мет.，1963（5）：17-24.

［89］ C. A. 74, 78561（1971）.

［90］ Seitz R A, Kawatra S K. The role of nonpolar oils as flotation reagents, Chapter 19 in Chemical Reagents in the Mineral Processing Industry ed. D Malhotra and W. F. Riggs, SME/AIME, 1986：171-180.

［91］ 卢寿慈，翁达. 界面分选原理及应用［M］. 北京：冶金工业出版社，1992.

［92］ 刘建军. 试论中性油在浮选工艺中的作用［J］. 矿产综合利用，1992（3）：39-45.

［93］ 刘建军，吉干芳，王淀佐. 中性油在浮选中的应用前景［J］. 国外金属矿选矿，1988（1）：20-21.

［94］ Sönmez, İbrahim, Cebeci Y. Performance of classic oils and lubricating oils in froth flotation of Ukraine coal［J］. Fuel, 2006, 85（12-13）：1866-1870.

［95］ 方和平. 非极性药剂的烃族组成对鳞片石墨与煤的浮选活性［J］. 非金属矿，1989（4）：13-15.

［96］ He T S, He W, Song N P, et al. The influence of composition of nonpolar oil on flotation of molybdenite［J］. Minerals Engineering, 2011（24）：1513-1516.

［97］ Taggart A F. Handbook of Mineral Dressing［M］. John Wiley, NewYork, 1945.

［98］ Glembotsky V A. Reagents for iron ore flotation［J］. Proceedings VI IMPC, Cannes, 1963：371-381.

［99］ Araujo A C, Souza C C. Partial replacement of amine in reverse column flotation of iron ores,

Proceedings of the 70th Annual Meeting Minnesota Section SME and 58th Annual University of Minnesota Mining Symposium, Duluth, Minnesota, 1997: 111-122.

[100] Sis H. Enhance flotation recovery of phosphate ores using nonionic surfactants [D]. D. Sc. thesis, The Pennsylvania State University, 2001.

[101] Pereira S R N. The use of nonpolar oils in the cationic reverse flotation of an iron ore [D]. CPGEM-UFMG, 2003: 253.

[102] Pereira C A, Peres A E C. Reagents in calamine zinc ores flotation [J]. Minerals Engineering, 2005 (18): 275-277.

[103] Rubio J, Capponi F, Rodrigues R T, et al. Enhanced flotation of sulfide fines using the emulsified oil extender technique [J]. International Journal of Mineral Processing, 2007, 84 (1-4): 41-50.

[104] Douglas H. Fenske, Lakeland F. Flotation of mica from silt deposits: USA, US2885078 [P]. 1956.

[105] Soto H, Iwasaki I. Selective flotation of phosphates from dolomite using cationic collector. 1. Effect of collector and nonpolar hydrocarbons [J]. International Journal of Mineral Processing, 1986 (16): 3-16.

[106] Rubio J, Capponi F, Rodrigues R T, et al. Enhanced flotation of sulfide fines using the emulsified oil extender technique [J]. International Journal of Mineral Processing, 2007, 84 (1-4): 41-50.

[107] Sadowski Z, Polowczyk I. Agglomerate flotation of fine oxide particles [J]. International Journal of Mineral Processing, 2004, 74 (1-4): 85-90.

[108] Sen S, Ipekoglu U, Cilingir Y. Flotation of fine gold particles by the assistance of coal-oil agglomerates [J]. Separation Science and Technology, 2010 (45): 610-618.

[109] Cebeci Y, Sönmez Í. A study on the relationship between critical surface tension of wetting and oil agglomeration recovery of calcite [J]. Journal of Colloid and Interface Science, 2004 (273): 300-305.

[110] Laskowski J S, Yu Z. Oil agglomeration and its effect on beneficiation and filtration of low-rank/oxidized coals [J]. International Journal of Mineral Processing, 2000 (58): 237-252.

[111] Mehrotra V P, Sastry K V S, Morey B. W. Review of oil agglomeration techniques for processing of fine coals [J]. International Journal of Mineral Processing, 1983, 11 (3): 175-201.

[112] 李学刚, 赵国玺. 组合阴阳离子表面活性剂体系的物理化学性质 [J]. 物理化学学报, 1992 (8): 191-196.

[113] 肖进新, 赵振国. 表面活性剂应用原理 [M]. 北京: 化学工业出版社, 2003.

[114] 赵国玺, 朱珧瑶. 表面活性剂作用原理 [M]. 北京: 中国轻工业出版社, 2003.

[115] 王培义, 徐宝财, 王军. 表面活性剂—合成性能应用 [M]. 北京: 化学工业出版社, 2007.

[116] 刘程, 江小梅, 李宝珍, 等. 表面活性剂应用大全 [M]. 北京: 北京工业大学出版社, 1992.

[117] 金谷. 表面活性剂化学 [M]. 安徽: 中国科学技术大学出版社, 2008.

[118] 和田正美. 浮选 [M]. 秋季号, 1958 (1): 10.

[119] 周强, 卢寿慈. 表面活性剂在浮选中的复配增效作用 [J]. 金属矿山, 1993 (8): 28-31.

[120] 王淀佐, 胡岳华. 浮选溶液化学 [M]. 长沙: 湖南科学技术出版社, 1988.

[121] 李冬莲, 卢寿慈. 磷灰石浮选增效作用机理研究 [J]. 国外金属矿选矿, 1999 (8): 19-21.

[122] 林梦海. 量子化学计算方法与应用 [M]. 北京: 科学出版社, 2004.

[123] 陈正隆, 徐为人, 汤立达. 分子模拟的理论与实践 [M]. 北京: 化学工业出版社, 2007.

[124] 杨小震. 分子模拟与高分子材料 [M]. 北京: 科学出版社, 2002.

[125] 陈飞武. 量子化学中的计算方法 [M]. 北京: 科学出版社, 2008.

[126] Frenkel S. 分子模拟——从算法到应用 [M]. 汪文川. 北京: 化学工业出版社, 2002.

[127] Leach A R. Molecular Modeling principles and applications [M]. London. Prentice Hall, 2001.

[128] Li R L. Current situation and outlook of quantitative structure-activity relationship [J]. Medicine Abroad: Pharmacy Section, 1992, 19 (6): 321-326.

[129] Fukui K. Molecular Orbitals in Chemistry [M]. Physics, and Biology, P. O. Löwdin and B. Pullman, Ed., Academic Press, New York, 1964, 513.

[130] 夏启斌, 李忠, 邱显扬, 等. 浮选剂苯甲羟肟酸的量子化学研究 [J]. 矿冶工程, 2005, 24 (1): 30-33.

[131] Xia L Y, Zhong H, Liu G, et al. Flotation separation of the aluminosilicates from diaspore by a Gemini cationic collector [J]. International Journal of Mineral Processing, 2009 (92): 74-83.

[132] Huang Z Q, Zhong H, Wang S, et al. Gemini trisiloxane surfactant: Synthesis and flotation of aluminosilicateminerals [J]. Minerals Engineering, 2014 (56): 145-154.

[133] Yekeler H, Yekeler M, Predicting the efficiencies of 2-mercaptobenzothiazole collectors used as chelating agents in flotation processes a density-functional study [J]. Journal of Molecular Modeling, 2006 (12): 763-768.

[134] Liu G Y, Xiao J J, Zhou D W, et al. A DFT study on the structure-reactivity relationship of thiophosphorus acids as flotation collectors with sulfide minerals: Implication of surface adsorption [J]. Colloids and Surfaces A: Physicochem. Eng. Aspects, 2013 (434): 243-252.

[135] Liu G Y, Zeng H B, Lu Q Y, et al. Adsorption of mercaptobenzoheterocyclic compounds on sulfide mineral surfaces: A density functional theory study of structure-reactivity relations [J]. Colloids and Surfaces A: Physicochem. Eng. Aspects, 2012 (409): 1-9.

[136] Hu Y H, Chen P, Sun W. Study on quantitative structure-activity relationship of quaternary ammonium salt collectors for bauxite reverse flotation [J]. Minerals Engineering, 2012 (26): 24-33.

[137] Hung A, Yarovsky I, Russo S P. Density-functional theory studies of xanthate adsorption on the pyrite FeS_2 (110) and (111) surfaces [J]. The Journal of Chemical Physics, 2003

(118)：6022-6029.

[138] Rai B, Pradip. Molecular modeling and rational design of flotation reagents [J]. International Journal of Mineral Processing, 2003 (72)：95-110.

[139] Rai B, Pradip. Design of tailor-made surfactants for industrial applications using a molecular modeling approach [J]. Colloids and Surfaces, 2002 (205)：139-148.

[140] Rai B, Pradip, Rao T K, et al. Molecular modeling of interactions of diphosphonic acid based surfactants with calcium minerals [J]. Langmuir, 2002 (18)：932-940.

[141] Rath S S, Sinha N, Sahoo H, et al. Molecular modeling studies of oleate adsorption on iron oxides [J]. Applied Surface Science, 2014 (295)：115-122.

[142] Chen J H, Lan L H, Chen Y. Computational simulation of adsorption and thermodynamic study of xanthate, dithiophosphate and dithiocarbamate on galena and pyrite surfaces [J]. Minerals Engineering, 2013 (46-47)：136-143.

[143] 徐龙华, 蒋昊, 董发勤, 等. DTAC 对不同粒级高岭石浮选行为的影响 [J]. 中国矿业大学学报, 2013, 42 (5)：832-837.

[144] 孙伟, 柯丽芳, 孙磊. 苯甲羟肟酸在锡石浮选中的应用及作用机理研究 [J]. 中国矿业大学学报, 2013, 42 (1)：62-68.

[145] 王振, 孙伟, 徐龙华, 等. CPC 在氧化钼表面吸附行为及分子动力学模拟 [J]. 中南大学学报, 2013, 44 (8)：3102-3107.

[146] Yang W, Zaoui A, Uranyl adsorption on (001) surfaces of kaolinite：A molecular dynamics study [J]. Applied Clay Science, 2013 (80-81)：98-106.

[147] Rai B, Sathish P, Tanwar J, et al. A molecular dynamics study of the interaction of oleate and dodecylammonium chloride surfactants with complex aluminosilicate minerals [J]. Journal of Colloid and Interface Science, 2011 (362)：510-516.

[148] Tao K, Wei M. Mechanism research on a new type of organic depressant BKY-1 for the separation of chalcopyrite and pyrite [J]. Nonferrous Metals：Mineral Processing Section, 2013 (5)：73-77.

[149] Du H, Miller J D. A molecular dynamics simulation study of water structure and adsorption states at talc surfaces [J]. International Journal of Mineral Processing, 2007 (84)：172-184.

2 试验原料、研究内容及方法

2.1 试验矿样的选取及性质

2.1.1 石英纯矿物的制备

试验所用的纯石英取自河北灵寿，将纯矿物破碎，用球磨机磨细并筛分出粗粒级与细粒级的矿物，粗、细粒石英的比表面积分别为 $0.0581m^2/g$ 与 $0.3139m^2/g$，粗、细粒级矿物用于浮选试验，并将细粒级矿物磨细至微细粒级用于 Zeta 电位测量、润湿热以及吸附量与吸附热的测试试验。石英纯矿物的 XRD 分析及粗细粒矿物粒径测试分析结果如图 2-1 和图 2-2 所示，石英化学组成分析结果见表 2-1。

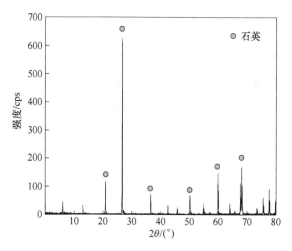

图 2-1 石英纯矿物的 XRD 图谱

表 2-1 石英化学组成分析结果

成分	SiO$_2$	Al$_2$O$_3$	TFe	TiO$_2$	CaO	烧失量（1000℃）
含量/%	99.5	0.09	0.04	0.03	<0.1	0.2

由 XRD 图谱可知，石英矿物纯度很高，基本没有其他的杂质，结合表 2-1 可见，石英的纯度达到了 99.5%，含有少量杂质。从图 2-2 磁铁矿粒径分布图可以看出，细粒石英纯矿物中粒径在 27.6μm 以下的矿物颗粒为 50%，粒径在

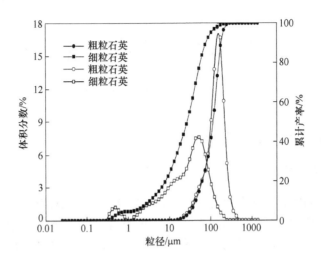

图 2-2　石英粒径分布图

74μm 以下的矿物颗粒为 90%；粗粒石英矿物中粒径在 126.4μm 以下的矿物颗粒为 50%，粒径在 180μm 以下的矿物颗粒为 90%。

2.1.2　磁铁矿纯矿物的制备

　　试验所用的磁铁矿纯矿物取自太钢尖山铁矿浮选精矿，品位为 71.56%，该矿物的粒度较细，$-38\mu m$ 的含量高达 70%。磁铁矿纯矿物的 XRD 分析及粗细粒矿物粒径测试分析结果如图 2-3 和图 2-4 所示，磁铁矿化学组成分析结果见表 2-2。

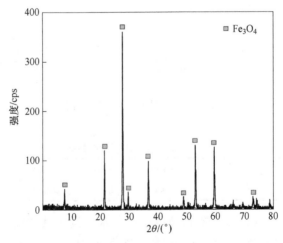

图 2-3　磁铁矿纯矿物矿的 XRD 图谱

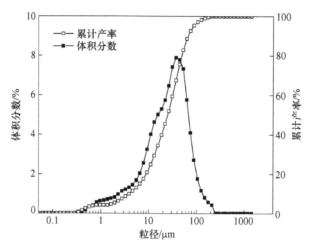

图 2-4　磁铁矿粒径分布图

表 2-2　磁铁矿化学组成分析结果

成分	SiO_2	Al_2O_3	TFe	S	P	烧失量（1000℃）
含量/%	0.68	0.52	71.56	0.35	0.03	0.1

由 XRD 图谱可知，磁铁矿矿物纯度很高，基本没有其他的杂质，结合表 2-2 可见，磁铁矿的纯度 TFe 品位高达 71.56%，含有极少量杂质。从图 2-4 磁铁矿粒径分布图可以看出，磁铁矿纯矿物中粒径在 27.6μm 以下的矿物颗粒为 50%，粒径在 74μm 以下的矿物颗粒为 90%。

2.1.3　实际浮选矿物的选取

太钢娄烦尖山铁矿[1]赋存于吕梁群袁家村组中部地层中，矿石矿物组成及矿石类型简单，主要矿物为石英、磁铁矿以及少量的铁闪石，相应的矿石类型为石英型磁铁矿及闪石型磁铁矿。矿物相主要为石英磁铁矿氧化物相及闪石型磁铁矿硅酸盐相，后者因含有原生菱铁矿，更可能是碳酸盐-硅酸盐相。其中磁铁矿为自形-半自形，粒状或凝块状，后者粒度往往大于前者。石英为半自形、他形、细粒等粒状，相互之间呈港湾状镶嵌。铁闪石为自形-半自形柱状，定向平行排列，与石英、磁铁矿之间不具有交代关系。矿物粒度一般为 0.02~0.10mm，少部分可达 0.25~0.45mm，其中磁铁矿矿物的平均粒度为 0.061mm，石英矿物的平均粒度为 0.052mm，闪石矿物的平均粒度为 0.041mm。

现阶段尖山铁矿采用的是阶段磨矿分级、磁选浮选相结合包含三段磨矿、五次弱磁选以及阴离子反浮选的工艺流程。试验所用实际矿物采自太钢尖山选矿厂，经四次磁选的磁选柱选别后的磁铁矿中矿作为浮选试验的入料。现场工艺流程中试验矿样的选取位置如图 2-5 所示。

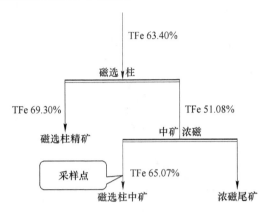

图 2-5　尖山选矿厂试验采样点工艺流程示意图

2.1.4　试验矿样的性质

　　磁铁矿实际矿物的 XRD 分析结果如图 2-6 所示，整个试验过程采样两次标记为矿样 Ⅰ 与矿样 Ⅱ。矿样 Ⅰ 的化学分析结果见表 2-3，矿样经标准套筛筛分后，粒度组成、TFe 品位与 SiO$_2$ 含量见表 2-4，矿样 Ⅱ 的化学分析结果见表 2-5，矿样经标准套筛筛分后，粒度组成、TFe 品位与 SiO$_2$ 含量见表 2-6。

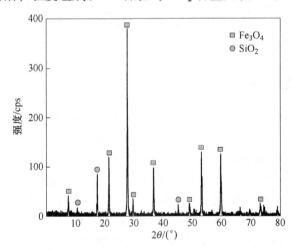

图 2-6　磁铁矿的 XRD 图谱

表 2-3　矿样 Ⅰ 化学成分分析结果

组分	TFe	FeO	Fe$_3$O$_4$	Al$_2$O$_3$	MnO	SiO$_2$
品位/%	65.07	29.84	89.05	0.20	0.044	9.18

组分	CaO	MgO	K_2O	Na_2O	S	P
品位/%	0.23	0.27	0.0066	0.027	0.028	0.012

表 2-4 矿样 I 筛析结果

粒级/mm	产率/%	品位/%		累计品位/%		分布率/%	
		Fe	SiO_2	Fe	SiO_2	Fe	SiO_2
+0.074	2.19	39.03	43.98	39.03	43.98	1.31	10.32
0.045~0.074	18.06	58.09	18.87	56.03	37.28	16.09	36.47
0.038~0.045	17.16	66.01	9.07	60.61	15.85	17.37	16.66
-0.038	62.59	67.87	5.45	65.13	9.33	66.23	36.55
合计	100	65.13	9.33			100	100

表 2-5 矿样 II 化学成分分析结果

组分	TFe	FeO	Fe_3O_4	Al_2O_3	MnO	SiO_2
品位/%	63.86	27.62	87.82	0.22	0.046	10.27
组分	CaO	MgO	K_2O	Na_2O	S	P
品位/%	0.26	0.29	0.0061	0.021	0.028	0.013

表 2-6 矿样 II 筛析结果

粒级/mm	产率/%	品位/%		累计品位/%		分布率/%	
		Fe	SiO_2	Fe	SiO_2	Fe	SiO_2
+0.074	3.59	44.52	44.96	44.52	44.96	2.51	15.64
0.045~0.074	28.09	59.03	16.57	57.38	19.78	25.99	45.14
0.038~0.045	23.38	65.21	8.11	60.71	14.83	23.90	18.39
-0.038	44.94	67.58	4.78	63.79	10.31	47.60	20.83
合计	100	63.79	10.31			100	100

从表 2-3 可以看出，矿样 I 的全铁品位为 65.07%，Fe_3O_4 含量达 89.05%，杂质主要为 SiO_2，SiO_2 含量为 9.18%。XRD 图谱同样表明矿样中含有的主要矿物是 Fe_3O_4 和 SiO_2，基本无其他杂质矿物，由峰值可以看出矿样中 Fe_3O_4 含量较高，仅存在少量的石英，与化学组成分析结果相同。由表 2-4 可知，矿样粒级越细，全铁品位越高，SiO_2 含量越低。-0.038mm 粒级产率占 62.59%，为矿样的主要粒级；磁铁矿主要分布于 -0.038mm 粒级，而石英主要分布于 0.045~0.074mm 和 -0.038mm 粒级；-0.038mm 粒级主要是高铁低硅的产品，说明该粒

级主要是单体解离的矿物；而 0.045～0.074mm 和+0.074mm 粒级产品的 SiO_2 含量高达 37.28% 和 43.98%，说明其中含有较多连生体。

从表 2-5 可以看出，矿样 II 的全铁品位为 63.86%，Fe_3O_4 含量达 87.82%，杂质主要为 SiO_2，SiO_2 含量为 10.27%。由表 2-6 可知，矿样 II 的组成与矿样 I 稍有不同，其中-0.038mm 粒级产率占 44.94%，为矿样的主要粒级；磁铁矿主要分布于-0.038mm 粒级，并且 0.038～0.045mm 及-0.038mm 粒级 TFe 品位相近，高达 65%；而石英主要分布于 0.045～0.074mm 和-0.038mm 粒级。

2.2　试验仪器、设备和试验药剂

2.2.1　试剂

试验中所用的药剂见表 2-7。

表 2-7　试验用主要试剂

试剂名称	分子式/名称	规格	用途
十二胺	$CH_3(CH_2)_{11}NH_2$	化学纯	捕收剂成分
十二烷基丙基醚胺	$CH_3(CH_2)_{10}CH_2O(CH_2)_3NH_2$	工业品	捕收剂成分
N，N 十二烷基 1，3 丙二胺	$CH_3(CH_2)_{10}CH_2NH(CH_2)_2NH_2$	试剂级	捕收剂成分
煤油	/	试剂级	组合捕收剂成分
甲基异丁基甲醇	$(CH_3)_2CHCH_2CH(OH)CH_3$	化学纯	起泡剂
盐酸	HCl	分析纯	pH 值调整剂
氢氧化钠	$NaOH$	分析纯	pH 值调整剂
正辛烷	$CH_3(CH_2)_6CH_3$	分析纯	组合捕收剂成分
正癸烷	$CH_3(CH_2)_8CH_3$	分析纯	组合捕收剂成分
正十二烷	$CH_3(CH_2)_{10}CH_3$	分析纯	组合捕收剂成分
正十四烷	$CH_3(CH_2)_{12}CH_3$	分析纯	组合捕收剂成分
1-十二烯	$CH_2CH(CH_2)_9CH_3$	分析纯	组合捕收剂成分
正十二醇	$CH_3(CH_2)_{10}CH_2OH$	分析纯	组合捕收剂成分
油酸	$CH_3(CH_2)_7CHCH(CH_2)_7COOH$	分析纯	组合捕收剂成分
油酸乙酯	$CH_3(CH_2)_7CHCH(CH_2)_7COOCH_2CH_3$	分析纯	组合捕收剂成分
十二酸乙酯	$CH_3(CH_2)_{10}COOCH_2CH_3$	分析纯	组合捕收剂成分
油酸三乙醇胺	$CH_3(CH_2)_7CHCH(CH_2)_7$ $COO(CH_2)_2N(CH_2CH_2OH)_2$	试剂级	组合捕收剂成分
环己烷	C_6H_{12}	分析纯	组合捕收剂成分
甲基萘	$C_{11}H_{10}$	分析纯	组合捕收剂成分
2-甲苯	C_7H_8	分析纯	组合捕收剂成分

试剂名称	分子式/名称	规格	用途
Tween 系列表面活性剂	聚氧乙烯山梨糖醇酐脂肪酸酯	化学纯	表面活性剂
Span 系列表面活性剂	失水山梨醇脂肪酸酯	化学纯	表面活性剂
OP 系列表面活性剂	烷基酚聚氧乙烯醚	化学纯	表面活性剂
AC 系列表面活性剂	脂肪胺聚氧乙烯醚	化学纯	表面活性剂
曙红 Y		分析纯	显色剂
冰乙酸	CH_3COOH	分析纯	pH 值缓冲液
醋酸钠	CH_3COONa	分析纯	pH 值缓冲液

注：浮选试验用水为自来水，pH 值为 7.6；其他试验用水均为一次蒸馏水，pH 值为 6.5。

浮选药剂的配制方法如下：

捕收剂：捕收剂的盐酸盐溶液是由等摩尔的盐酸与捕收剂混合配制而成，该捕收剂的浓度为 1%；二元混溶捕收剂是将一定质量胺类阳离子捕收剂与一定质量的辅助捕收剂混合，摇匀，50℃ 水浴加热，配置不同浓度的混溶"胺-辅助捕收剂"；三元混溶捕收剂是将一定质量的胺类捕收剂与辅助捕收剂以及表面活性剂混合，摇匀，水浴加热，配置不同浓度的混溶"胺-辅助捕收剂-表面活性剂"。

调整剂：取一定体积的浓盐酸与一定质量的 NaOH，分别加水搅拌、冷却使之总重为 100g±0.2g，配制成质量浓度为 10% 的盐酸溶液与质量浓度为 10% 的 NaOH 溶液。

HCl-NaAc 缓冲溶液：将 1.0mol/L 的 HCl 与 1.0mol/L NaAc 以不同比例配成不同 pH 值的缓冲液。

显色剂曙红 Y 溶液：配置成浓度为 $1.0×10^{-4}$mol/L 的水溶液。

2.2.2 仪器

试验中使用的主要仪器见表2-8。

表2-8 试验用主要仪器

设备名称	设备型号	用 途
单槽浮选机	XFD 1.5	浮选
挂槽浮选机	XFGII 5-35	浮选
酸度计	PHS-2C	测定 pH 值

设备名称	设备型号	用　途
电热鼓风干燥箱	101-3	烘干矿样
过滤机	XTLZ-ϕ260/ϕ200	过滤
电子天平	AY120/KF600	称重
Zeta 电位测定仪	JS94	测定 Zeta 电位
X 射线衍射仪	XRD-6000	物相分析
傅里叶红外光谱仪	IRAffinity-1	检测药剂与矿物表面产物
微量热仪	Setaram C80	测定润湿热、吸附热
激光粒度分析仪	Microtrac S3500	测定矿物、油珠粒度
电子显微镜	JZ95MS	测定絮团、油珠形态
紫外分光光度计	UV-2012	测定捕收剂浓度
表面张力仪	QBZY	测定表面张力
离心机	GK（F）	分离矿物与捕收剂溶液
计算机工作站	DELL	用于分子模拟

2.3　试验研究方法

2.3.1　矿物浮选试验

　　单矿物浮选在 XFG-1.5 Ⅳ型挂槽式浮选机上进行，主轴转速为 1500r/min。实验时，矿浆浓度为 20%，搅拌调浆时间为 2min，再用一定浓度的 HCl 或 NaOH 溶液调节矿浆的 pH 值，搅拌 1min 后加入捕收剂，搅拌 3min，浮选 5min，以组合药剂作为捕收剂时需添加起泡剂，因为油溶胺类捕收剂的起泡性能较差。浮选过程中收集泡沫产品，并将其和槽底产品分别烘干称量，计算回收率。实际矿物浮选试验中，浮选给矿浆浓度为 30%，按照以上单矿物浮选实验流程进行浮选实验。浮选试验的流程如图 2-7 所示。

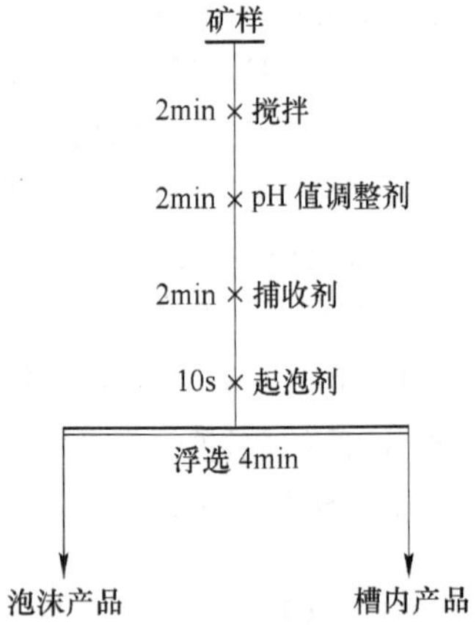

图 2-7　浮选试验流程

2.3.2　Zeta 电位测试

　　Zeta[2,3]电位的测试方法有电渗法、电泳法、流动电位法和沉降法，本书将通过电泳法对药剂在矿物表面吸附机理进行研究。具体测试步骤如下。

　　本书采用 JS94 型电动电位测定仪，测量了石英、磁铁矿纯矿物在不同 pH 值的水溶液中、不同浓度的捕收剂溶液中以及不同 pH 值的一定浓度下的捕收剂溶液中的表面动电位。测试前将矿物磨至 5μm 以下，每次称取 50mg 纯矿物置于 100mL 烧杯中，用 50mL 10^{-3}mol/L KNO$_3$ 水溶液将各捕收剂配置成一定浓度的溶液，加入纯矿物将其配置成 0.01%（质量分数）的悬浮液，用 10% HCl 与 10% 的 NaOH 溶液调 pH 值，测试前用振荡仪振荡 15min，然后将所取悬浮液按照测定要求注入样品槽，按照要求进行测量操作，每个试样测定四次，最终取其平均值，依据需要做出关系曲线。并通过该仪器测量了煤油乳液油滴的 Zeta 电位，煤油乳液是将含有煤油的组合捕收剂配置成浓度为 1% 的水溶液，在高速搅拌装置上以 1500r/min 搅拌 10min 而制得的。

2.3.3 红外光谱测定

红外光谱分析 IR（Infrared Spectroscopy）是利用样品对不同波长红外光的吸收程度强弱来研究物质分子的组成和结构的方法。红外光谱分析具有特征性强的特点，除光学异构外，不同化合物的红外光谱必定存在一定的差异。此外被测样品不论是气态、液态还是固态均可进行红外测量，不受物态限制[4~6]。

本书采用 IRAffinity-1 型傅里叶变换红外光谱仪分析矿物与药剂的作用方式。将矿样磨至粒度小于 5μm，称取 100mg 样品放入 100mL 烧杯中，并加入一定量已配置好捕收剂的溶液，用磁力搅拌器搅拌 30min 后自然沉降。倒出上清液后用适量蒸馏水清洗矿物，再自然沉降，再倒出上层清液后放到真空干燥箱中低温烘干。测量时，将样品按一定比例加入 KBr 粉料，在玛瑙研钵中研磨至一定粒度并混合均匀，然后将已磨细物料加到压片专用的模具上加压，取出压成片状的样品测量，波数范围为 $400\sim4000\text{cm}^{-1}$。结束后导出测试数据，绘制红外图谱，根据红外特征吸收峰的位置和形状等来判断试样中存在的基团，确定其分子结构。

2.3.4 激光粒度分布测试

采用 Microtrac S3500 激光粒度分析仪对石英与磁铁矿的纯矿物样品进行粒度分析，超声作用时间 400s，分析介质为水，粒度检测范围为 $0.020\sim2000\mu\text{m}$。具体操作过程：取 0.1~0.2g 试验样品放入 80mL 的烧杯中，保持溶液终体积 50mL 左右，磁力搅拌 5min，用激光粒度仪检测样品的粒度。并通过该仪器测量了煤油乳液油滴的粒径分布，煤油乳液是将含有煤油的组合捕收剂配置成浓度（质量分数）为 1% 的水溶液，在高速搅拌装置上以 1500r/min 搅拌 10min 而制得的。

2.3.5 显微镜图像观测

粗、细粒石英与捕收剂作用前后矿物的形态，以及"纯煤油"与"十二胺-煤油"乳液以及"纯十二胺"形态的观测采用的是具有光学镜头的显微光学影像系统。观测过程中将含有石英矿物的悬浮液或煤油油滴乳液滴在载玻片上，并盖上盖玻片以固定聚团或油滴，通过调整分辨率以及焦距是图像清晰。石英矿物的聚团是在挂槽浮选机加入一定浓度的捕收剂溶液与石英相作用而制得的（试验过程中不充气）。煤油乳液是将待测浓度的"纯煤油"与"十二胺–煤油"油珠以及"纯十二胺"配置成浓度为1%的水溶液，在高速搅拌装置上以1500r/min搅拌10min而制得的。

2.3.6　润湿热吸附热测定

药剂与矿物作用过程中的吸附热采用的是Setaram C80型微量热仪测量，测量了在不同pH值下十二胺与石英以及磁铁矿纯矿物的吸附热。试验中称取100mg矿样置于量热池下部，在混合池的上部加入2mL的待测捕收剂溶液，用聚四氟乙烯薄膜来分隔矿物与捕收剂溶液。待量热计基线完全稳定后，通过移动杆划破薄膜使捕收剂溶液进入量热池与矿物作用。每次试验会产生一个热效应 Q_r，扣除了相应的润湿热效应，矿物与纯溶剂作用的热效应，即得到吸附过程中的吸附热 Q_w。当吸附平衡后，测量上清液的浓度 $C_{eq.}$ 以及药剂的吸附量 $n_{ads.}$。

文献中报道的测量阳离子表面活性剂浓度的方法有毛细管电泳法[7]、紫外分光光度法[8,9]、原子吸收分光光度法[10]、荧光法[10]、示波极谱法[11]和两相滴定法。本书选择了紫外分光光度法，根据相关文献可知在pH值为4.3的HAc-NaAc缓冲溶液中，阳离子表面活性剂能与曙红Y通过静电、疏水作用和荷电转移形成离子缔合物，使曙红Y溶液褪色[12]。试验采用的是尤尼柯UV-2012紫外分光光度计，在516nm波长处，以曙红Y溶液为参比，测定不同浓度的十二胺和曙红Y的吸光度。

曙红Y溶液的吸收光谱图如图2-8所示，由图可知，十二胺的曙红Y溶液的最大吸收波长在516nm处，此处降幅最大而且吸收峰比较稳定，所以本书选择516nm为测定波长。在4~10mol/L的曙红Y溶液中，用不同浓度的阳离子表面活性剂标准液进行褪色，在516nm处以吸光度递减值 ΔA 对十二胺醋酸盐的浓度绘制标准曲线十二胺的标准曲线。

十二胺的标准曲线如图2-9所示，其拟合线性方程和 R 值分别为：$y = -0.05911x + 0.00657$，$R^2 = 0.9982$。由结果可知其线性方程拟合度很高。可知待测的阳离子表面活性剂在0~10mg/L范围内符合比尔定律。对于高于10mg/L的浓度，将其稀释至此范围内即可。

试验方法：在25mL比色管中，加入一定浓度的阳离子标准溶液，然后依次加入5.0mL 1×10^{-4}mol/L的曙红Y溶液和2.5mL pH值为4.3的HCl-NaAc缓冲溶液，再加超纯水稀释并摇匀。将配置好的混合溶液装入石英玻璃比色皿，置于尤尼柯UV-2012紫外分光光度计上，在516nm波长处，以曙红Y溶液为参比，测定不同浓度的阳离子表面活性剂和曙红Y的吸光度。

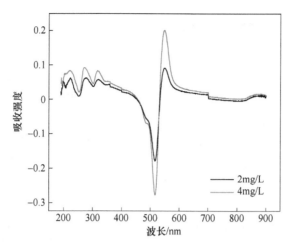

图 2-8 曙红 Y 溶液的吸收光谱图

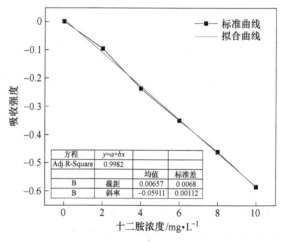

图 2-9 十二胺的标准曲线

样品制备与测定：取微量热仪样品槽上层液倒入离心管内，将离心管放入转速为 2000r/s 的高速离心机进行离心 10min，取上清液进行吸光度测定。根据标准曲线应用插值法得到十二胺的浓度，然后用残余浓度法计算十二胺在矿物表面的吸附量。其计算公式见式（2-1）。

$$n_{ads.} = \frac{(C_0 - C_{eq.})V}{m} \tag{2-1}$$

式中，$n_{ads.}$ 指的是单位质量矿物所吸附的十二胺的量；C_0 是捕收剂的初始浓度；$C_{eq.}$ 是吸附之后的捕收剂浓度；V 是捕收剂的体积；m 是矿物的质量。

2.3.7　组合捕收剂的黏度、互溶度与凝固点

组合捕收剂的黏度采用的是毛细管法，通过乌氏黏度计测定一定体积的液体流经一定长度的半径的毛细管所需的时间而获得。每次试验过程中配制不同质量比的捕收剂与辅助捕收剂的混溶物，调节水浴温度40℃，以蒸馏水作为参比对照测量溶液下落时间并换算出黏度。

组合捕收剂的互溶度采用的是浊度计测量方法，在环境温度50℃的条件下配制不同质量比的组合捕收剂试样，然后缓缓降温，当混合液由透明、均质的溶液变成混浊或分层状态，引起浊度计的示数显著上升时的温度，即为该配比下组合捕收剂的临界互溶温度。

组合捕收剂的凝固点测量时是将捕收剂试样装入制定的试管内，使其冷却到预期的温度，将试管倾斜45°经过1min，液面不移动时的最高温度即为组合捕收剂的凝点。

2.3.8　表面张力的测定

本书选用吊片法测定表面活性剂在液气以及油水界面的界面张力。挂片法适用于测量液体的表面张力或者两相液体密度差不大于 $0.4g/cm^3$ 的液-液之间的界面张力，挂片法的有效测量范围为 $5 \sim 100mN/m^3$。每次试验配制不同浓度或组成的捕收剂溶液测量表面张力或油水界面张力。

2.3.9　量子化学计算

捕收剂分子的量子化学计算采用 Gaussian 公司出品的 Gaussian 03 软件，选用 DFT 中的 B3LPY 方法，在 6-31G（d,p）水平下进行密度泛函计算，得到能量最小且无虚频的构型即为最优化构型，并得到最优构型下分子的几何参数。用密度泛函方法，在 Gaussian 03 软件下进一步进行捕收剂阳离子的单点能计算，得到捕收剂中各原子的净电荷和布局数，前线轨道能量等量化性质。为了优化捕收剂在水相中的结构，积分方程形式为极化连续模型（IEF-PCM），水的介电常数为 78.39。

参 考 文 献

[1] 范绍明，牛为民. 娄烦尖山铁矿矿石特征及矿物相 [J]. 华北地质矿产，1996，11（4）：596-598.

[2] 陈宗淇，王光信，徐桂英. 胶体与界面化学 [M]. 北京：高等教育出版社，2001.

[3] D JSHAW. Colloid & Surface Chemistry [M]. 北京：世界图书出版公司，2000.

[4] 大连理工大学分析中心教研室. 光波谱分析在有机化学中的应用 [M]. 1982, 66-69.

[5] 于世林. 光谱分析法 [M]. 重庆：重庆大学出版社, 1991, 73-77.

[6] 陈允魁. 红外吸收光谱及其应用 [M]. 上海：上海交通大学出版社, 1993：80-90.

[7] 韦寿莲, 莫金垣, 李娜. p-环糊精存在下阳离子表面活性剂的毛细管电泳电导法测定[J]. 分析化学, 2004, 32 (1)：33-37.

[8] 秦宗会, 谭蓉, 蒲利军. 依文思蓝和曲利本蓝染料与 CTAB 的离子缔合物生成机理及水体中 CTAB 的光度法测定 [J]. 应用化学, 2006, 23 (8)：886-891.

[9] 秦宗会, 谭蓉. 用刚果红分光光度法测定阳离子表面活性剂 [J]. 分析测试学报, 2007, 26 (6)：113-116.

[10] 周原, 刘新玲, 郭前进. 阳离子表面活性剂的间接原子吸收分光光度法测定机理及水体中 CTAB 的光度法测定 [J]. 应用化学, 2006, 23 (8)：886-891.

[11] 马志东, 郭忠, 张文德. 吡啶阳离子表面活性剂的示波极谱测定方法研究 [J]. 理化检验-化学分册, 2003, 39 (6)：334-335.

[12] 秦宗会, 谭蓉. 曙红 Y 分光光度法测定阳离子表面活性剂及其机理研究 [J]. 分析试验室, 2006, 25 (10)：110-114.

3 十二胺-煤油二元混溶捕收剂增效机理研究

针对矿石浮选体系的复杂性，考虑到实际生产过程中的药剂成本问题，浮选过程中通常通过浮选药剂的组合使用，达到增效的效果。事实上，目前铁矿浮选的研究和生产中使用的捕收剂，尤其是近年研发的难选铁矿（钛铁矿、菱铁矿等）的捕收剂，多为组合捕收剂，并且许多研究中也采用了不同的调整剂组合。

非极性油作为捕收剂、辅助捕收剂以及油团聚桥连液已经在浮选天然疏水性、亲水性矿物以及微细粒矿物等方面得到了广泛应用。在传统的油药混合浮选工艺、乳化浮选工艺以及油团聚工艺中，油滴与矿物相作用的前提是矿物表面足够疏水，两者之间主要通过疏水作用相黏附，这种作用是无选择性的，往往会通过添加乳化剂或增加机械搅拌时间与强度提高油滴的分散性，加快其在矿浆中的扩散速度，增加了气泡与颗粒碰撞的概率，优化了浮选效果[1~4]。

本章以经典的阳离子捕收剂十二胺以及传统的辅助捕收剂煤油作为研究对象，提出了十二胺-煤油二元混溶捕收剂这一概念，这一概念的提出正是基于混合用药与非极性油辅助浮选的传统想法，而这里的混溶又将油溶性的十二胺与煤油有机地结合起来。在未加入矿浆之前它们是一个均一的溶液体系，在加入矿浆之后，由于油-水间的界面张力十二胺会吸附在煤油表面，油珠作为十二胺的分散载体，十二胺作为油珠的乳化剂，这时的它们以活性油滴的形式存在，这种活性油滴与传统的油滴与矿物之间的作用形式不同。本章系统探讨了十二胺-煤油二元混溶捕收剂的物理化学性质，包括混溶度、凝固点以及黏度，十二胺-煤油油珠表面荷电性质以及乳液粒度分布规律，以及其对粗、细粒石英浮选行为的影响，进而全面了解混溶十二胺-煤油捕收剂的增效机理。

3.1 十二胺-煤油混溶捕收剂性质

3.1.1 十二胺-煤油混溶捕收剂的混溶度

十二胺-煤油混溶捕收剂的互溶度试验结果如图 3-1 所示。由图 3-1 可知，十二胺-煤油二元混溶体系捕收剂是一个具有上临界互溶温度的二元体系。这类体系的特点是相互溶解度随温度的升高而增加，以致达某一温度时，两饱和液层组成相同，形成了单一的液层；再升温时，无论组成如何，仅有单相区的存在[5]。十二胺-煤油二元体系的上临界互溶温度为 34℃，当外界环境温度高于上临界互溶温度时，十二胺与煤油在没有助溶剂的条件下也可以任意比例互溶。这个温度的存在是因为分子之间较大的热运动克服了分子间相互靠近时的能垒[6]。如图 3-1 所示，在一定的温度下十二胺在煤油中的溶解度有两个阈值 w_l 和 w_h，当十二胺的含量低于 w_l 或高于 w_h 时，如在图中所示的区域 A 或 C 时，十二胺与煤油将会完全互溶形成澄清的溶液；而当十二胺的含量在阈值范围之内，即在 B 区域内，十二胺则会部分溶解在煤油之中，溶液会出现浑浊分层现象。十二胺与煤油完全互溶时的组成配比随温度的变化而变化。

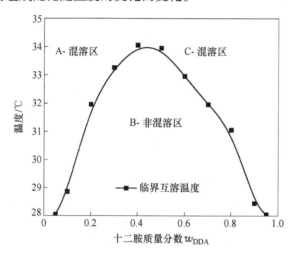

图 3-1　十二胺与煤油的临界互溶温度

3.1.2　十二胺-煤油混溶捕收剂的黏度

油溶性物质由于本身分子结构，可产生类似分子内氢键的现象，产生很强的内聚力，当油性物质分子间发生相对位移时会产生很大的内摩擦力，从而表现出油类物质的高黏度，黏度越高的油在水中的分散性会越差[7]。液态状态下，同一温度，十二胺的黏度是高于煤油的，通过添加低黏度的煤油与高黏度的十二胺，借助煤油分子更强的氢键形成能力以及分散、渗透作用，改善混溶捕收剂的黏度。十二胺-煤油混溶捕收剂的黏度如图 3-2 所示，试验的环境温度为 40℃。从图 3-2 中可知纯煤油的黏度约为 1.0mPa·s，而纯十二胺的黏度约为 2.1mPa·s，随着十二胺-煤油混溶捕收剂中十二胺含量的增大，混溶捕收剂的黏度逐渐增大，煤油的加入的确达到了降黏的目的，随着黏度的降低，能改善油滴的分散性。

3.1.3　十二胺-煤油混溶捕收剂的凝固点

纯十二胺的凝固点在 27~28℃，而煤油的凝固点则在零下 200℃左右，十二胺溶解在煤油之中所形成混溶捕收剂其凝固点必然会受这两种物质的影响。十二

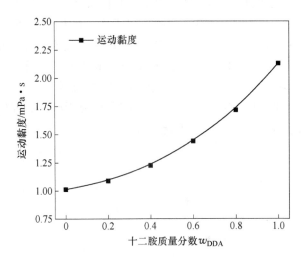

图 3-2　十二胺-煤油捕收剂的运动黏度

胺煤油混合物捕收剂的临界凝固点温度试验结果如图 3-3 所示。从图 3-3 中可以看出随着十二胺在混合捕收剂中的比例增加，十二胺-煤油混溶捕收剂的临界凝固点逐渐增大。从试验结果可以看出混溶捕收剂的凝固点随着十二胺比例的增大而增大，十二胺含量为 5% 时，混溶捕收剂的凝固点低至 5℃，而当十二胺含量达到 90% 时，混溶捕收剂的凝固点高达 20℃。试验测得 2% 的十二胺盐酸盐水溶液的凝固点为 22℃，从图中可以看出 1∶1 十二胺-煤油混溶捕收剂的凝固点为 14.3℃，这说明混溶捕收剂比十二胺盐酸盐更耐低温，更适合在低温的矿浆环境下使用。

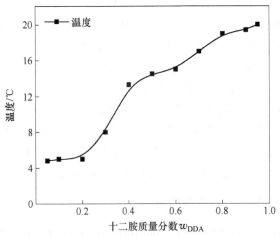

图 3-3　十二胺-煤油捕收剂的凝固点

3.1.4　十二胺-煤油混溶捕收剂表面荷电性质研究

相关研究表明纯煤油的等电点在 pH 值为 2 左右[8]，这意味着在 pH 值大于 2 的广泛范围内，煤油油滴表面荷负电，由于阳离子捕收剂十二胺的加入煤油油滴表面荷电性质必然发生变化。

图 3-4 是纯煤油与十二胺-煤油乳化液的 Zeta 电位图，从图中可以看出，纯煤油在 pH 值为 3.0~12.0 的区间内均荷负电，纯煤油的等电点的 pH 值约为 2.5，这一结果略高于纯烷烃油滴，这是因为煤油是多种烃的混合物。而十二胺-煤油乳化液的 Zeta 电位则正移，并且随着混溶捕收剂十二胺-煤油中十二胺含量的增加，油滴 Zeta 电位正移幅度增加，20%十二胺-煤油（w_{DDA}=20%）油滴的等电点的 pH 值约为 8，而 50%十二胺-煤油油滴的等电点的 pH 值约为 9，继续增加十二胺用量到 80%时，其煤油油滴等电点的 pH 值为 10。十二胺-煤油油滴 Zeta 电位正移说明有带正电的物质吸附在油水界面，这是质子化的十二胺阳离子吸附在了油水界面，使乳化油滴表面的负电位减小，由于十二胺的解离程度与介质的 pH 值有关，因此可以观察到 pH 值对油珠的表面电性的影响显著。十二胺-煤油油滴 Zeta 电位的变化与不同溶液环境中十二胺各个组分的分布形式息息相关，根据王淀佐院士和 Somasundaran 计算的 DDA 在水溶液中的水解平衡常数[9]，得到 DDA 在水溶液中各组分的 lg$C$-pH 图，如图 3-5 所示。

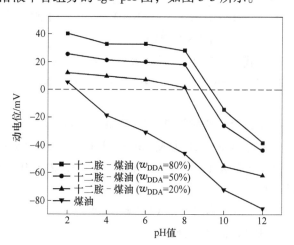

图 3-4　纯煤油与十二胺-煤油的 Zeta 电位

十二胺的浮选溶液化学计算如下：

溶解平衡：$RNH_2(s) = RNH_2(aq)$　　　$S = 10^{-4.69}$

酸式解离平衡：$RNH_3^+ = RNH_2(aq) + H^+$

$$K_a = [H^+][RNH_2(aq)]/[RNH_3^+] = 10^{-10.63}$$

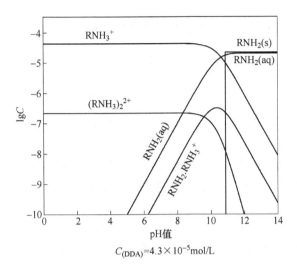

图 3-5 水溶液中十二胺各组分的摩尔浓度分配系数图

（DDA 总浓度为 4.3×10^{-5} mol/L）

离子缔合平衡：$2RNH_3^+ = (RNH_3)_2^{2+}$ $K_d = [(RNH_3)_2^{2+}]/[RNH_3^+]^2 = 10^{2.08}$

离子-分子缔合平衡：$RNH_3^+ + RNH_2(aq) = [RNH_3^+ \cdot RNH_2(aq)]$

$$K_{im} = [RNH_3^+ \cdot RNH_2(aq)]/[RNH_3^+][RNH_2(aq)] = 10^{3.12} \quad (3\text{-}1)$$

$$MBE: C_T = [RNH_2(aq)] + [RNH_3^+] + 2[(RNH_3)_2^{2+}] +$$
$$2[RNH_3^+ \cdot RNH_2(aq)] \quad (3\text{-}2)$$

将常数带入 MBE 式（3-2）中，并令 $K_B = [H^+]/K_a$，得

$$2(K_d K_B^2 + K_{im} K_B)[RNH_2(aq)]^2 + (1 + K_B)[RNH_2(aq)] - C_T = 0$$
$$(3\text{-}3)$$

当 $[RNH_2(aq)] = S$，会形成胺沉淀，临界 pH 值由式（3-4）给出：

$$2(K_d[H^+]^2/K_a^2 + K_{im}[H^+]/K_a)S^2 + (1 + [H^+]/K_a)S - C_T = 0$$
$$[H^+]^2 + 5.0 \times 10^{-9}[H^+] - (C_T - S)/1.82 \times 10^{14} = 0 \quad (3\text{-}4)$$

当 pH 值小于 pHs，由式（3-3）得：

$$[RNH_2(aq)] = \{-(1 + K_B) + [(1 + K_B)^2 + 8(K_d K_B^2 + K_{im} K_B)C_T]^{1/2}\}/$$
$$4(K_d K_B^2 + K_{im} K_B) \quad (3\text{-}5)$$

设 $X = K_d K_B^2 + K_{im} K_B$

$Y = -(1 + K_B) + [(1 + K_B)^2 + 8XC_T]^{1/2}$

则有：

$[RNH_2(aq)] = Y/4X$

$[RNH_3^+] = K_B[RNH_2(aq)] = K_B Y/4X$

$[(RNH_3)_2^{2+}] = K_d[RNH_3^+] = K_d K_B^2 Y^2/16X^2$

$$[RNH_3^+ \cdot RNH_2] = K_{im}[RNH_3^+][RNH_2(aq)] = K_{im}K_BY^2/16X^2 \tag{3-6}$$

当 pH 值大于 pHs，由式（1-1）得：

$$[RNH_2(aq)] = S = 10^{-4.69}\text{mol/L}$$

$$\lg[RNH_3^+(aq)] = \lg[H^+][RNH_2(aq)]/K_a = pK_a - pH + \lg S$$

$$\lg[(RNH_3^+)_2^{2+}] = \lg K_d + 2pK_a - 2pH + 2\lg S$$

$$\lg[RNH_3^+ \cdot RNH_2(aq)] = \lg K_{im} + pK_a - pH + 2\lg S \tag{3-7}$$

当 C_T（十二胺初始总浓度）$\leqslant 2.0 \times 10^{-5}$mol/L，不产生胺沉淀，十二胺溶液各组分的浓度按式（3-6）计算。当 $C_T > 2 \times 10^{-5}$mol/L，形成胺沉淀的 pH 值随浓度 C_T 而变化，则当 pH $\geqslant$ pHs 时，按式（3-7）计算十二胺溶液中各组分的浓度；而当 pH<pHs，仍按式（3-6）计算。

图 3-5 是十二胺浓度为 4.3×10^{-5}mol/L 绘出的十二胺的 lg$C$-pH 值图。由图 3-5 可知，当 pH<9.0 时，溶液中主要为带正电的 $C_{12}H_{25}NH_3^+$ 组分并含有少量的 $(C_{12}H_{25}NH_3)_2^{2+}$ 阳离子二聚物；当 9.0<pH<12.0 时，十二胺溶液中的主要组分是 $C_{12}H_{25}NH_2$ 分子，同时溶液中出现大量 $C_{12}H_{25}NH_2$ 分子沉淀；而在 pH 值约为 10.5 时，$C_{12}H_{25}NH_2 \cdot C_{12}H_{25}NH_3^+$ 二聚物达到峰值。对比图 3-4 与图 3-5 可发现，十二胺-煤油油滴表面 Zeta 电位的变化趋势与十二胺溶液中主要荷正电的组分 $C_{12}H_{25}NH_3^+$ 的变化趋势相一致，当 pH > 9.0 之后溶液中 $C_{12}H_{25}NH_3^+$ 组分含量开始逐渐减少，而十二胺-煤油油滴的 Zeta 电位变化也出现了同样的趋势。

3.1.5　十二胺-煤油混溶捕收剂乳液粒度分布规律研究

十二胺-煤油 Zeta 电位试验表明十二胺会吸附在煤油表面，那么十二胺作为异极性有机物，吸附于油水界面必然能够降低界面张力，必然会影响十二胺-煤油与纯煤油乳液的分散程度。纯煤油、十二胺-煤油以及纯十二胺通过高速搅拌器形成的乳化液的显微镜图像如图 3-6 所示，乳化液的浓度为 1%，通过 1500r/min 转速搅拌 10min 而制成。从图 3-6 中可以看出十二胺-煤油乳化液明显优于纯煤油乳化液。首先，十二胺-煤油乳化液油滴的直径更小，平均直径为 4~5μm，而乳化煤油的直径则为 15μm 左右；而且十二胺-煤油乳化液的油滴粒径分布更统一，大小更均匀。与煤油以及十二胺-煤油不同，纯十二胺由于溶解度小在水中是以蜡状黏液的形态存在，与煤油以及十二胺-煤油的油滴状截然不同，这说明混溶十二胺-煤油捕收剂一方面改变了纯十二胺在水中的存在形式，另一方面也改善了纯煤油在水中的分散程度。

纯煤油与十二胺-煤油乳化液的油滴粒度分布如图 3-7 所示，其更为有力地支持之前的结论，从图中可以明显地看出十二胺-煤油油滴更小更均匀，其油滴的 $d_{50} = 4.15$μm，而纯煤油乳化液油滴的 $d_{50} = 8.69$μm。从变化趋势来看，纯煤油

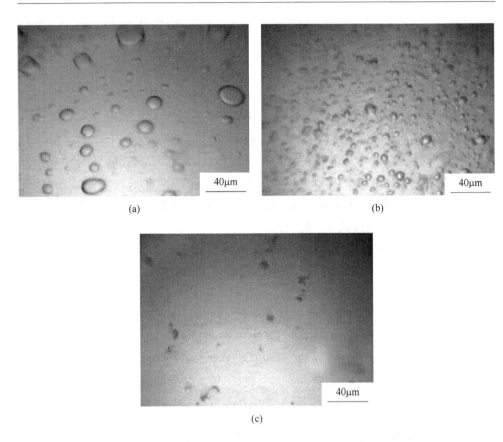

图 3-6　纯煤油、十二胺-煤油以及纯十二胺的光学显微镜图像

（a）煤油；（b）十二胺-煤油；（c）十二胺

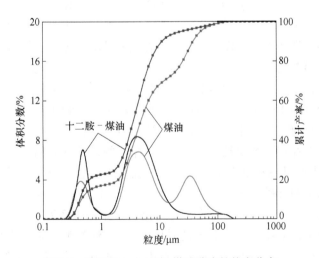

图 3-7　纯煤油、十二胺-煤油乳液的粒度分布

乳化液油滴粒径分布变化更大，这说明煤油油滴的粒径分布不均匀，油滴大小不一。十二胺是一种异极性的表面活性剂，可以作为煤油的乳化剂使用，十二胺-煤油乳化液正是因为十二胺的加入才使油滴粒度分布更均匀更细小。中性油的油滴越小，分散度越高，则在与矿粒作用时需要克服的能垒越低，越易于黏附于矿粒表面。此外，油滴越小，在矿粒表面铺展后形成的油膜也越薄。这样，在用量相同时，由于分散度的提高，中性油可与更多的矿粒作用或造成矿粒表面更大的疏水面积，实质上相当于提高了中性油的作用活性。因此，中性油分散度的提高不仅有助于提高矿物的浮选指标，而且还可以减少中性油的用量。

3.2　十二胺-煤油混溶捕收剂对石英浮选行为的影响

3.2.1　十二胺-煤油混溶捕收剂组成对石英浮选行为的影响

　　为了充分了解十二胺-煤油混溶捕收剂的捕收性能，对比了传统的十二胺盐酸盐以及纯十二胺与十二胺-煤油捕收剂对石英浮选行为的影响。前期条件试验表明药剂用量60g/t时80%的细粒石英能够上浮，为了探讨十二胺-煤油捕收剂的提效能力，选择了这个适中的药剂用量。

　　捕收剂组成对细粒石英浮选行为的影响如图3-8所示。不同质量比的十二胺与煤油作为混合捕收剂浮选石英，总药剂用量为60g/t，试验在自然pH值下进行。从图3-8中可以看出，这三种捕收剂捕收能力从强到弱依次为：十二胺-煤油 > 十二胺 > 十二胺盐酸盐。众所周知，纯煤油对天然亲水性矿物是没有捕收

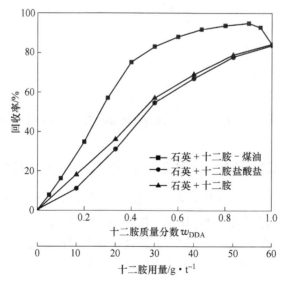

图3-8　十二胺-煤油混溶捕收剂组成对石英浮选行为的影响

作用的，而十二胺-煤油混溶捕收剂具有显著的协同作用，与相同用量的纯十二胺相比，石英回收率有大幅的增加，石英回收率增大了将近20%。对于十二胺-煤油捕收剂而言，随着混溶捕收剂中十二胺比例的增加，石英回收率逐渐增大，而与纯十二胺之间的差值逐渐减小，当十二胺与煤油比例为1∶1时，石英回收率接近85%，与纯十二胺作为捕收剂相当，而十二胺的用量只有一半，考虑到煤油的药剂成本远低于十二胺，因此选择了1∶1这一比例考察混溶捕收剂对粗、细粒石英浮选行为的影响。

3.2.2　矿浆温度对十二胺-煤油混溶捕收剂浮选石英行为的影响

矿浆温度对十二胺-煤油混溶捕收剂的捕收性能影响如图3-9所示，试验在自然pH值下进行，捕收剂用量60g/t。结果表明随着矿浆温度的升高，石英回收率小幅提高，从矿浆温度10℃时的80%提高到50℃时的82.5%。总的来说，升温对浮选过程是有利的，不过优势并不明显，几乎与常温下相当，因此，之后的试验均在室温下进行。

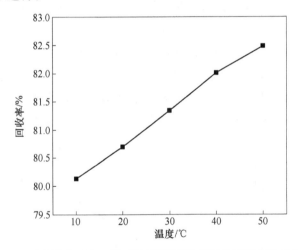

图3-9　矿浆温度对十二胺-煤油混溶捕收剂浮选石英行为的影响

3.2.3　十二胺-煤油混溶捕收剂对粗、细粒级石英浮选行为的影响

十二胺-煤油（$w_{DDA} = 50\%$）与十二胺对粗粒石英及细粒石英浮选行为的影响如图3-10所示，试验在自然pH值下进行。从结果可以看出，相同药剂用量下粗粒石英的浮选回收率远高于细粒石英，这是因为细粒石英具有较小的质量较大的比表面积，为了达到能够上浮条件下的捕收剂覆盖率，细粒石英所需药剂用量必然增加。

十二胺-煤油捕收剂对粗、细粒石英浮选过程的影响则是不同的。对于粗粒

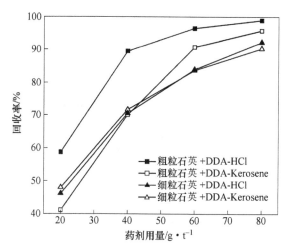

图 3-10　十二胺-煤油捕收剂对粗、细粒石英浮选行为的影响

石英，在整个试验用量范围内，十二胺-煤油的捕收能力不及十二胺，十二胺用量为 40g/t 时，石英回收率已经接近 90%，而在相同用量下采用十二胺-煤油为捕收剂时，石英的回收率不到 70% 与十二胺用量 25g/t 的指标接近，这说明十二胺-煤油对粗粒石英的增效效果并不明显，而对于细粒石英，十二胺-煤油与十二胺的捕收能力相当，在试验用量范围内，石英的回收率基本相同。对比粗细粒石英的浮选行为可以看出，十二胺-煤油混溶捕收剂对细粒石英浮选具有协同促进作用，而对于粗粒石英这种作用并不明显，煤油部分替代十二胺在细粒石英浮选中是可行的。

　　为了了解造成这种现象的原因，对入浮原样以及上浮产品进行了粒度分析，粗粒石英、细粒石英与捕收剂作用前、后的原矿以及精矿的粒度分布如图 3-11 所示。从图 3-11 中可以看出，细粒石英的体积中值粒径 $d_{50} = 27.6\mu m$，粗粒石英的体积中值粒径 $d_{50} = 126.4\mu m$。对于细粒石英而言，以十二胺-煤油作为捕收剂时精矿 d_{50} 约为 $18.0\mu m$，而以十二胺作为捕收剂时则将近 $25.0\mu m$，几乎与原矿一致。因此，可以推断与纯十二胺相比十二胺-煤油捕收剂会优先回收粒度较细的矿物。粗粒石英浮选的过程中也出现了同样的现象，粗粒石英原矿的 $d_{50} = 119.59\mu m$，与十二胺作用之后 d_{50} 减小至 $95.87\mu m$，与十二胺-煤油作用之后更减小至 $70.98\mu m$。对于粗粒石英而言，造成这种现象的原因应该是药剂用量不足，因为十二胺-煤油捕收剂对粗粒石英的协同作用并不明显（见图 3-10），并且在相同的药剂用量下，十二胺-煤油的捕收能力远不及十二胺，而在这种情况下较粗粒级的矿粒由于捕收剂用量不足难以上浮，中等及细粒级石英比较容易上浮。

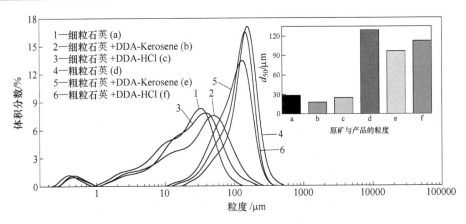

图 3-11   浮选原矿与上浮产品的粒度组成

3.2.4   粗、细粒级石英入浮原样与浮选产品的光学显微镜图像

粗、细粒石英与十二胺—煤油以及纯十二胺捕收剂作用前后的光学显微镜图像如图 3-12 所示，药剂与矿物作用模拟了真实的浮选过程，自然 pH 值下药剂用量为 40g/t，在 1500r/min 的转速下搅拌 5min。

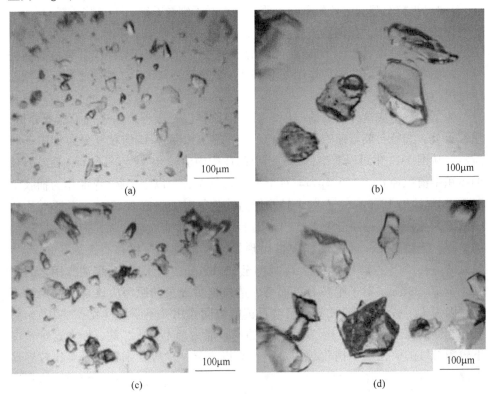

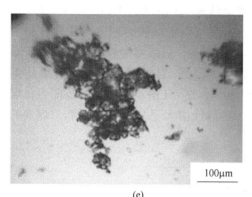 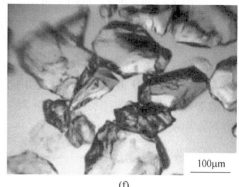

(e)   (f)

图 3-12 十二胺以及十二胺-煤油与粗、细粒级石英作用产物的光学显微镜图像

（a）细粒石英；（b）粗粒石英；（c）细粒石英+DDA-HCl；（d）粗粒石英+DDA-HCl；
（e）细粒石英+DDA-Kerosene；（f）粗粒石英+DDA-Kerosene

从图 3-12 中看出，未被处理过的石英颗粒均是分散的单颗粒，细粒石英粒度约为 $30\mu m$，粗粒石英约为 $100\mu m$。与纯十二胺作用之后的细粒石英出现了小的类似枝链结构[4]的聚集体，且仅有二、三个颗粒组成，该聚集体约为 $30\mu m \times 80\mu m$，并且分布松散；而与十二胺-煤油作用之后出现了悬摆结构[4]的聚团，聚团规模为 $100\mu m \times 250\mu m$，它看上去像是由很多小的聚团组成，相较于纯十二胺而言，细粒石英聚团的规模大而且结构致密。十二胺-煤油捕收剂之所以能提高细粒石英回收率，正是因为其与细粒石英作用之后出现了聚团，这种聚团的出现相当于增大了细粒石英的粒径，降低了其比表面积，从而减小了药剂用量。同时由于中性油的存在，增大了矿物的疏水性，增大其与气泡-颗粒接触碰撞与黏附的可能性，改善了泡沫的矿化作用和排水速率。

对于粗粒石英而言，与纯十二胺作用之后并未出现明显的聚团，即使与十二胺-煤油作用后出现了聚团的现象，从图中仍能看出粗粒石英聚团之间空隙较大很不稳定。可以想象，这是因为相较于细粒石英而言，粗粒石英与煤油油滴的相对接触面相对颗粒本身更小，在强烈的搅拌湍流条件下，这个微小的接触面不足以形成稳定的聚团，这也正是粗粒石英浮选过程中十二胺-煤油协同作用不显著的原因。

3.2.5 矿浆 pH 值对石英浮选行以及表面 Zeta 电位的影响

矿浆 pH 值是浮选过程中重要的参数，从十二胺的浮选溶液化学平衡以及石英矿物的荷电机理可知，在水溶液中，无论是捕收剂还是石英其赋存状态会随着矿浆 pH 值的改变而变化。图 3-13 对比了十二胺-煤油以及纯十二胺作为捕收剂，矿浆 pH 值对细粒石英回收率的影响。十二胺以及十二胺-煤油（$w_{DDA}=50\%$）中十二胺用量均为40g/t。从图中可知，在整个试验pH值范围之内，以十二胺-煤油作为捕收剂的细粒石英回收率变化趋势始终与以十二胺为捕收剂的曲线相一致，捕收剂最适宜的pH值范围均在4.0～9.5之间，强酸或强碱环境均不适于石英的浮选。在pH值为4.0～9.5的范围内，十二胺-煤油对石英的回收率达到80%以上，在pH值为6～8的范围内接近90%，在pH值小于9.0的范围内，煤油的加入使石英回收率提高了将近20%，而当pH值大于10之后十二胺与煤油的协同作用明显减弱。

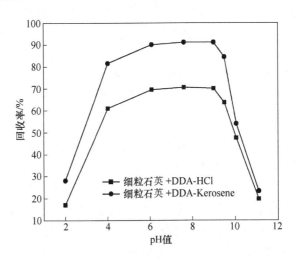

图3-13　矿浆pH值对细粒石英浮选行为的影响

石英在水中的荷电机理如图3-14所示[10]。矿物受力破裂后石英的断裂面出现硅原子和氧原子，断口上有残留的共价键，具有较强的亲水性。根据矿物表面荷电机理，大部分氧化矿和硅酸盐矿物在水中首先形成羟基化表面（M-OH），在不同pH值下，矿物表面H^+的吸附或解离，发生质子化或去质子化反应，进一步形成质子化面（$M-OH_2^+$）或去质子化面（$M-O^-$），使得表面荷正电或负电。文献表明石英的零电点在pH值为3左右[11]，这说明矿浆pH值大于3时，石英表面荷负电，pH值小于3时，石英表面荷正电。

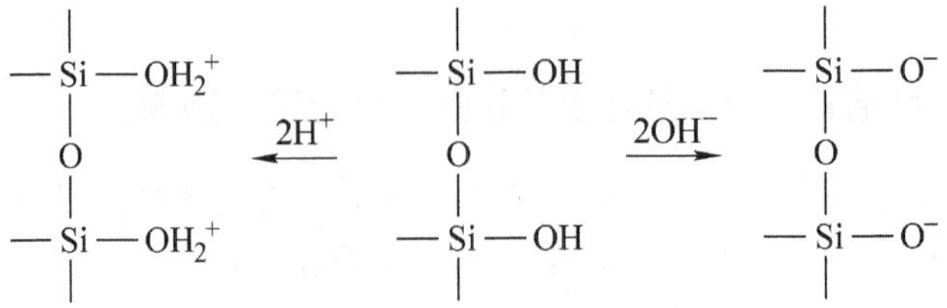

图3-14　矿物表面荷电机理

结合十二胺的 lg$C$-pH 图（图 3-5）可知，在 pH 值为 2.0~9.0 的范围内，十二胺主要以离子形式的 RNH_3^+ 和 $(RNH_3)_2^{2+}$ 存在；在 pH 值为 10.5 离子-分子二聚物的含量达到峰值。在 pH 值大于 11 之后，十二胺主要以 RNH_2 分子 与 RNH_2 分子沉淀形式存在，并且荷正电的活性组分 RNH_3^+、$(RNH_3)_2^{2+}$ 以及 $RNH_2 \cdot RNH_3^+$ 出现了明显的下降趋势，从石英的荷电机理可知，在这种情况下，石英表面 Zeta 电位负值最大，但是没有足够的 RNH_3^+ 组分能吸附在石英表面。同时，RNH_2 分子中 N 原子的孤对电子与荷负电的石英会互相排斥，导致十二胺不易吸附在其表面。在 pH 值为 9.0~11.0 的范围内，RNH_3^+ 和 $(RNH_3)_2^{2+}$ 组分开始减少，同时 RNH_2 分子大量增加，$RNH_2 \cdot RNH_3^+$ 二聚物在 pH 值为 10.5 时出现最大值。理论上说捕收剂以分子与离子形式共吸附在矿物表面时，由于中性分子的存在可以减少 RNH_3^+ 分子极性基团之间的静电斥力，形成紧密的捕收剂吸附层，提高矿物的疏水性[12]。事实上，有研究表明，对于细粒石英（70μm 以下）而言，捕收剂覆盖率在 0.25~0.35 单分子层的条件下石英几乎可以完全上浮[13,14]，这种情况下，使吸附层紧密以及减少静电斥力并不具有优势，而能够与石英作用的荷正电组分是决定浮选的关键因素。总的来说，在 pH 值为 9.0~11.0 的范围内石英回收率随着 RNH_3^+ 和 $(RNH_3)_2^{2+}$ 组分的减少而下降。当 pH 值为 4.0~9.0，十二胺主要以荷正电的 RNH_3^+ 存在，是最适宜石英浮选的 pH 值区间。随着 pH 值继续减小，尽管 RNH_3^+ 的含量充足，可是表面 Zeta 电位逐渐正移，负值减小，在 pH 值小于 3 之后石英荷正电，这一改变导致捕收剂与矿物的吸附作用减弱，使石英的回收率降低。

捕收剂通过物理吸附与化学吸附[15]两种形式与矿物作用，物理吸附主要通过静电力吸附途径实现，通过对比矿物表面 Zeta 电位的变化可以判断药剂是否在矿物表面吸附，并在确定了等电点后通过等电点的变化来分析比较不同药剂在不同矿物表面的吸附作用强弱。石英分别与不同浓度的十二胺-煤油和十二胺作用前后的 Zeta 电位如图 3-15 所示。从图 3-15 中可以看出，石英的等电点在 pH 值为 3 左右，与文献值一致，随着 pH 值的增加石英表面 Zeta 电位负值增大，在与十二胺-煤油和十二胺作用之后石英表面 Zeta 电位明显正移，等电点右移，并且与十二胺作用之后的石英 Zeta 电位正移的幅度大于十二胺-煤油。这是因为在相同用量下，十二胺中荷正电的组分的量始终高于十二胺-煤油，十二胺-煤油中荷正电的组分的量约为十二胺的一半（十二胺用量 100g/t 时，十二胺浓度为 1.0×10^{-4} mol/L；十二胺煤油用量 100g/t 时，十二胺浓度为 5.0×10^{-5} mol/L）。从图中可以看出，随着十二胺浓度的增大石英表面电位正移的幅度变大，不过与想象不同的是，在药剂用量为 1.0×10^{-4} mol/L 时，石英 Zeta 电位虽然大幅正移，但是仍为负值，在 pH 值为 4~8 时，石英的 Zeta 电位约为 −30mV 左右，而此时石英的回收率已高达 95%。这说明即使石英矿物表面吸附足量十二胺完全上浮时，石英表面仍然是荷负电的，当十二胺浓度为 1.0×10^{-3} mol/L 时，由于捕收剂分子烃链

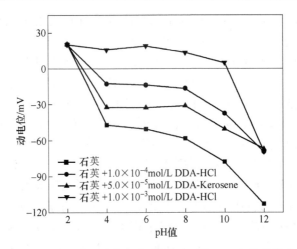

图 3-15　十二胺以及十二胺-煤油对石英 Zeta 电位的影响
（浓度指的是十二胺的浓度）

之间的相互作用，形成双分子层吸附石英的 Zeta 电位才变为正值，等电点移至 pH 值为 10 附近。

3.2.6　煤油添加方式对石英浮选行为的影响

以混溶十二胺-煤油的形式将煤油作为辅助捕收剂与传统的矿物预先疏水化再添加煤油工艺相比，煤油的增效效果是否有区别，试验对比了不同比例十二胺-煤油混溶捕收剂与纯十二胺捕收剂（先加十二胺再加煤油）浮选石英的差异，试验过程中十二胺的用量固定为 40g/t，试验在自然 pH 值下进行。煤油的添加方式对石英浮选的影响如图 3-16 所示，从图 3-16 可以看出，对于这两种方式，

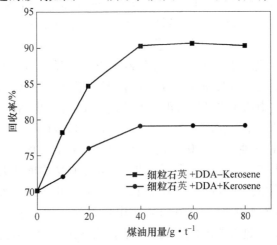

图 3-16　煤油的添加方式对石英浮选的影响

十二胺与煤油的最佳比例为1∶1，与纯十二胺相比，以十二胺－煤油作为捕收剂石英的回收率增大了将近20%，而预先疏水化在加煤油的工艺中石英的回收率增大了将近10%，这说明煤油以十二胺－煤油的形式作为辅助捕收剂增效效果更显著。

3.3　十二胺－煤油混溶捕收剂与石英的作用机理

3.3.1　十二胺－煤油混溶捕收剂与石英相互作用的模型

根据十二胺－煤油捕收剂油珠的表面性质，包括荷电性质、粒度分布规律以及上浮的石英产品的粒度组成、产品形态，提出了十二胺－煤油捕收剂与石英的作用模型，如图3-17所示。在不添加非极性油的浮选过程中，矿粒之间的团聚现象并不明显，由于非极性油的加入，强化了细粒矿物团聚过程。在传统的油辅助浮选过程中，非极性油是添加在十二胺之后，油珠主要通过疏水作用与矿粒黏附，石英的疏水程度决定了其与煤油作用的强弱。而十二胺－煤油作为捕收剂加入矿浆中后，一部分的十二胺作为乳化剂会吸附在油水界面以降低界面张力并改变油珠表面荷电性质，另一部分十二胺作为捕收剂会吸附在石英表面。作为乳化剂时，十二胺的非极性烃链插入油相，其极性基团在油水界面朝向水相，煤油油

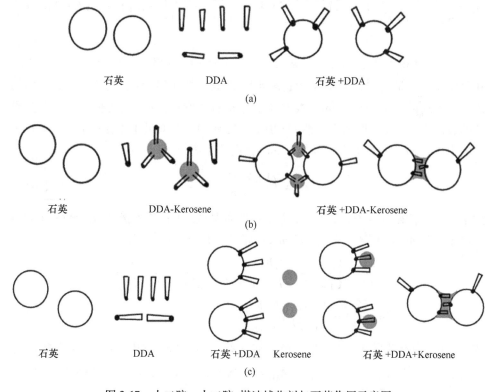

图3-17　十二胺、十二胺－煤油捕收剂与石英作用示意图

珠通过吸附十二胺使表面 Zeta 电位由负变正，这一改变导致荷正电的煤油与荷负电的石英通过静电吸引力相互作用，强化了煤油与矿物的黏附过程。通常情况下，非极性油通过疏水作用与矿粒作用，而十二胺-煤油中活性煤油通过静电引力和疏水作用与矿粒作用，活性煤油强化了油珠与矿物的黏附过程，使团聚现象更为明显。

3.3.2　十二胺-煤油混溶捕收剂与石英相互作用的能量模型

疏水聚团的显著增强是同矿粒与非极性油油珠之间的相互作用分不开的，非极性油的强化作用是以油珠与矿粒之间的黏附为前提的。在搅拌引起的流体湍流场中，黏附过程能否实现，主要取决于两者之间的总作用势能。根据 EDLVO 理论，如果将包含矿粒和中性油滴的浮选溶液看作一个分散体系，参照疏水作用的能量模型，油珠与矿粒之间相互作用的总势能 U_T 可表示为[4,16,17]：

$$U_T = U_R + U_A + U_{HI} + U'_{HI} \tag{3-8}$$

式中，U_R 为静电作用势能；U_A 为范德华作用势能；U_{HI} 为疏水作用势能；U'_{HI} 为吸附在矿粒表面的捕收剂碳氢链间的疏水缔合能。

$$U_R = \frac{\varepsilon R_1 R_2}{4(R_1 + R_2)}(\varphi_1^2 + \varphi_2^2)\left\{\frac{2\varphi_1\varphi_2}{\varphi_1^2 + \varphi_2^2}\ln\left[\frac{1 + \exp(-\kappa h)}{1 - \exp(-\kappa h)}\right] + \ln[1 - \exp(-2\kappa h)]\right\} \tag{3-9}$$

式中，ε 为介电常数，对于水，$\varepsilon = \varepsilon_0\varepsilon_r = 8.85\times10^{-12}\times78.5 \mathrm{C^2N^{-1}m^{-2}}$，$\varepsilon_0 = 8.85\times10^{-12}\mathrm{C^2N^{-1}m^{-2}}$ 是真空的介电常数；$\varepsilon_r = 78.5$ 是水的相对介电常数[18]；R_1，R_2 为矿粒与液珠的当量半径，cm，根据粒度分布曲线取中位径 d_{50} 代替；φ_1，φ_2 为颗粒的表面电位，V，近似用自然 pH 值下实际测的是 Zeta 电位代替；h 为两颗粒之间的距离，nm；κ 为 Debye 参数，$\mathrm{cm^{-1}}$，由体系离子组成算出[19]。

$$\kappa = \left(\frac{8\pi e^2 n Z^2}{\varepsilon K T}\right)^{\frac{1}{2}} \tag{3-10}$$

式中，n 为溶液中离子数，个/立方米；T 为温度，K；Z 为离子化合价；e 为电子电量，$1.602\times10^{-19}\mathrm{C}$；$K$ 为 Boltzmann 常数，$1.38\times10^{-23}\mathrm{J/K}$。

$$U_A = -\frac{1}{6}A_{132}\left[\frac{2R_1 R_2}{[2(R_1 + R_2) + h]h} + \frac{2R_1 R_2}{(2R_1 + h)(2R_2 + h)} + \ln\frac{[2(R_1 + R_2) + h]h}{(2R_1 + h)(2R_2 + h)}\right] \tag{3-11}$$

式中，A_{132} 为石英矿粒（1）与非极性油（2）在水（3）中的 Hamaker 常数，$A_{132} = (\sqrt{A_{11}} - \sqrt{A_{33}})(\sqrt{A_{22}} - \sqrt{A_{33}})$，$A_{11} = 7.38\times10^{-20}\mathrm{J}$[20]，$A_{22} = 7.30\times10^{-20}\mathrm{J}$[21]，$A_{33} = 3.70\times10^{-20}\mathrm{J}$[22]。

$$U_{HI} = -C \times L \times R \times \exp\left(-\frac{h}{L}\right) \quad (R \text{ 与 } H \text{ 均以米为单位}) \quad (3\text{-}12)$$

式中，C 为常数，$C = 2.51 \times 10^{-12}$ N/nm；L 为衰减长度，$L = 11.2 \times Q$ nm；Q 为疏水性校正系数，当矿粒不完全疏水时，在式（3-12）右端应乘以疏水性校正示数 Q。显然，矿粒的疏水性与捕收剂在矿物表面的吸附量有关。将吸附量换算成十二胺在相界面的理论单层覆盖度 α。对固液界面来说，α 越大，固体的疏水性越强；对于油水界面，由于捕收剂极性基团朝向水中，反而降低了液珠的疏水性，所以 α 越大，油珠表面疏水性越弱。为此，对矿粒 $Q_1 = \alpha\%$；对于非极性油珠，$Q_2 = 1 - \alpha\%$。

对于矿粒与油珠之间的相互作用，取 Q_1 与 Q_2 及 R_1 与 R_2 的调和平均：

$$\overline{Q} = \frac{2Q_1 Q_2}{Q_1 + Q_2} \text{ 以及 } \overline{R} = \frac{2R_1 R_2}{R_1 + R_2} \text{ 来计算，将单位统一后得：}$$

$$U_{HI} = -C \times Q^2 \times 11.2 \times R \times \exp\left(-\frac{h}{11.2 \times Q}\right) \quad (3\text{-}13)$$

$$U'_{HI} = \phi \times V \times \Delta \quad (3\text{-}14)$$

式中，Δ 为矿粒表面十二胺吸附层中，—CH$_2$— 及 —CH$_3$ 的平均体积密度（个/立方厘米），根据数学推导，Δ 可表示为：

$$\Delta = \frac{16 R_1^2 P n_c}{3[(R_1 + \sigma)^3 - R_1^3]} \quad (3\text{-}15)$$

式中，n_c 为十二胺分子（离子）碳氢链上碳的个数，$n_c = 12$；P 为矿粒表面十二胺吸附量（个/cm^2），P 与 $\Gamma_{S/W}$（mol/cm^2）之间满足：$P = \Gamma_{S/W} \times N_A$（$N_A$ 为阿伏伽德罗常数）；σ 为每个十二胺分子的长度，$\sigma = 16.5 \overset{.}{A}$ [4]；V 指的是矿粒与非极性油间距离为 h（$0 \ll h < \sigma$）时捕收剂的碳氢链与油珠的交叠体积，按文献计算：

$$V = \frac{1}{3}\pi(\sigma - h)^2(3R_1 + 2\sigma - h) \quad (3\text{-}16)$$

ϕ 指的是 1 个 —CH$_2$— 从固液界面转移到非极性油中去时的自由能变化。若忽略矿粒表面十二胺吸附层中碳氢链之间的缔合作用，即 $\phi = -1.39KT$ [23,24]，代入公式得：

$$U'_{HI} = -\frac{22.24\pi R_1^2 P n_c}{9(R_1 + \sigma)^3 - R_1^3}(\sigma - h)^2(3R_1 + 2\sigma - h)KT \quad (3\text{-}17)$$

将式（3-9）、式（3-11）、式（3-13）、式（3-17）代入式（3-1），即可计算非极性油珠与诱导疏水矿粒之间相互作用的总势能，该值负值越大表明两者之间的作用越强。

通过计算煤油油珠与细粒石英之间相互作用的总势能，对比了传统的预先疏水化再添加煤油的工艺与煤油以十二胺-煤油的形式作为辅助捕收剂时总作用势能的差异。计算过程中最关键的是确定捕收剂十二胺在矿物表面的吸附量，以及十二胺-煤油混溶捕收剂加入矿浆中后，十二胺在石英及煤油油珠表面的吸附量。其中，在传统的矿物预先疏水在添加煤油的工艺中，通过紫外分光光度法测定了十二胺在石英表面的吸附量；而在十二胺-煤油混溶捕收剂浮选过程中，通过分光光度法只能测定了十二胺在石英及煤油表面总的吸附量。为此，通过模拟计算了石英以及煤油与十二胺的作用能，按比例计算出十二胺在煤油以及石英表面的吸附量。

十二胺与矿物石英以及煤油作用的分子动力学模拟采用的是 Materials Studio4.4 软件中的 Discover 模块。与石英作用模拟过程中采用周期性边界条件，计算模型选用二层结构模型（见图 3-18）。构建过程如下：首先，构建矿物表面，选择石英（0 0 1）面为研究对象，模拟过程中冻结矿物表面体系中的所有原子；其次，利用 Amorphous Cell 模块构建溶剂层，用于研究捕收剂在固液界面的吸附行为，包含 2000 个水分子和 60 个捕收剂分子。分子动力学模拟采用的是 Materials Studio 软件中的 Discover 模块，力场为 Compass 力场，通过 Discover 模块下的 Smart Minimizer 方法对体系进行优化，采用正则系综（NVT）进行分子动力学模拟。模拟温度为 298K，各分子起始速度由 Maxwell-Boltzmann 分布随机产生，牛顿运动方程的求解建立在周期性边界条件、时间平均等效于系综平均等基本假设之上，运用 Velocity Verlet 法进行积分求和。计算体系的非键作用时，Van der Waals 和库仑相互作用采用 Atom based 方法计算，截断半径为 12.5Å（1Å = 10^{-10}m），截断距离之外的分子间相互作用按平均密度近似方法进行校正。模拟时间为 1000ps，步长为 1.0fs。

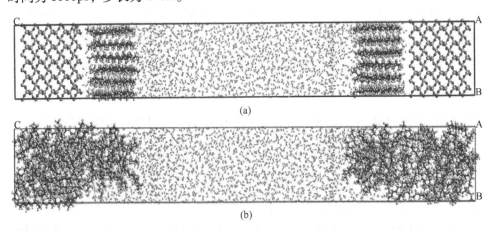

(a)

(b)

图 3-18　十二胺在石英/水界面以及煤油/水界面吸附模拟的平衡构型图

（a）十二胺在石英/水界面；（b）十二胺在煤油/水界面

　　与煤油模拟过程中首先利用 MS 软件构建分子计算模型，煤油本身是含有多种烃的混合物，而本书则选择以十二烷代表煤油。首先通过 Discover 模块中的

Minimizer 工具对十二烷分子进行 5000 步的构型优化,使分子达到最优构型;然后利用 MS 软件包中的 Amorphous Cell 模块,分别构建含有水相、油相以及捕收剂单层膜的盒子(模拟体系中水分子数为 2000,十二胺分子数为 60;控制十二胺分子数与十二烷分子数使十二胺与十二烷质量比约为 1 : 1,);最后,构建包含油/水/捕收剂的模拟体系。在模拟过程中,先进行 20ps 的正则系综(NVT)模拟退火过程;然后利用 DISCOVER 模块的 Smart Minimizer 方法对体系进行优化;最后再进行 1000ps 的等温等压(NPT)模拟。

石英以及煤油与十二胺的相互作用能根据式(3-18)计算:

$$E_{int} = \frac{E_{Total} - (n \times E_{Collector} + E_{Oil\text{-}Water}/E_{Quartz\text{-}Water})}{n} \tag{3-18}$$

式中,E_{Total} 为模拟体系平衡时的总能量;$E_{Collector}$ 为十二胺单分子能量,通过提取在真空条件下十二胺分子动力学平衡时的能量获得;n 为十二胺分子数;$E_{Oil\text{-}Water}$ 为十二烷/水体系的能量,通过提取相同数目的十二烷/水体系动力学平衡时的能量获得,能量单位 kJ/mol;$E_{Quartz\text{-}Water}$ 石英/水体系的能量,通过提取相同数目的石英/水体系动力学平衡时的能量获得,能量单位 kJ/mol。E_{int} 是石英以及十二烷与十二胺的相互作用能,E_{int} 负值越大,则表明十二胺与其作用越强。

十二胺与十二烷–水及石英–水体系的相互作用能见表 3-1。

表 3-1　十二胺与十二烷/水及石英/水体系的相互作用能

体　系	能量/kJ·mol^{-1}			
	E_{Total}	$E_{Oil\text{-}Water}/E_{Quartz\text{-}Water}$	$E_{Collector}$	E_{int}
十二烷/水	−37030.584	−15528.928	−101.454	−256.906
石英/水	−43639.810	−15456.696	−101.454	−359.067

为了了解真实浮选情况下油珠与矿物的相互作用,探讨了本章 3.2.5 节试验条件下油珠与矿物的相互作用能,根据测试数据以及模拟结果,相互作用的总势能计算所需的诸参数见表 3-2。

表 3-2　能量计算用参数的数值

项目	名　　称	计算体系	
		十二胺+煤油	十二胺–煤油
U_R	介电常数 ε /C^2 (N·m^2)$^{-1}$	8.85×10^{-12}×78.5	8.85×10^{-12}×78.5
	矿粒动电位 φ_1 /V	−28.14×10^{-3}	−30.55×10^{-3}
	油珠动电位 φ_2 /V	−41.61×10^{-3}	18.84×10^{-3}
	Debye 参数 k /cm^{-1}	4.27×10^5	4.27×10^5
U_A	Hamaker 常数 A_{132} /J	6.173×10^{-21}	6.173×10^{-21}

项目	名　　称	计算体系	
		十二胺+煤油	十二胺-煤油
U_{HI}	矿粒疏水性校正系数 Q_1	0.1346	0.1197
	油滴疏水性校正系数 Q_2	1	0.914
U'_{HI}	每个转移时能量变化 ϕ/KT	1.39	1.39
	十二胺在固液吸附量 $P/$个·Å^{-2}	5.178×10^{-3}	4.603×10^{-3}
	矿粒的半径 R_1/cm	13.8×10^{-4}	13.8×10^{-4}
	油珠的半径 R_2/cm	4.35×10^{-4}	2.08×10^{-4}
	温度 T/K	293	293

图 3-19 是十二胺诱导疏水石英微粒与煤油油珠间总作用势能曲线，从图 3-19 中可以看出，对于十二胺+煤油体系（图 3-19（a）），在两者之间距离大于 60Å 时，只要克服数值很小的能垒，就可使石英矿粒与煤油油珠自发地靠拢、接触，直至油珠在矿粒表面铺展，而越过这样的能垒仅需很小的机械能量输入，因此，从能量的角度可以认为煤油在这样的矿粒表面的铺展是必然的；而当两者的距离小于 60Å 之后，油珠与矿粒之间相互作用的总势能变为负值，且迅速增大（负值），这说明两者之间的相互作用迅速增强。对于十二胺+煤油体系，能量贡献最大的部分是疏水作用势能 U_{HI}，其次是范德华作用势能 U_A，捕收剂碳氢链间的疏水缔合能 U'_{HI} 只有在两者距离小于 16.5Å 的范围内才出现作用，而静电作用势能 U_R 在整个范围内均为正值，对总势能产生了负效应。

对于十二胺-煤油体系（图 3-19（b）），在整个距离范围内石英矿粒与煤油油珠之间的相互作用总势能均为负值，从能量的角度可以认为煤油在石英矿粒表面的铺展是必然的。对于十二胺-煤油体系，能量贡献最大的部分是疏水作用势能 U_{HI}，其次是范德华作用势能 U_A 与静电作用势能 U_R，捕收剂碳氢链间的疏水缔合能 U'_{HI} 也只有在小于 16.5Å 的距离内才出现作用，这是因为十二胺分子的非极性烃链的长度为 16.5Å。从数值上看，对于十二胺-煤油体系（图 3-19（b））而言，当矿物与油珠的距离大于 20Å 之后，两者的总作用势能恒大于十二胺+煤油体系（图 3-19（a）），即该体系中煤油与矿物的作用更强，这是因为 U_R 静电作用势能的贡献；而对于十二胺+煤油体系（图 3-19（a）），当两者之间的距离大于 20Å 时，由于该体系的疏水作用势能 U_{HI} 与范德华作用势能 U_A 的贡献迅速减小，同时静电作用势能 U_R 的负效应导致该体系的能量小于十二胺-煤油体系（图 3-19（b））。总的来说，十二胺-煤油体系对矿物与油珠的黏附过程是有利的，因为该体系能量恒为负值；而十二胺+煤油体系只有在两者距离很近时才有优势。

在传统的捕收剂诱导疏水矿物与非极性油珠的相互作用过程中，疏水作用势能的数值很大，比静电作用势能 U_R 和范德华作用势能 U_A 大 1~2 个数量级，这是

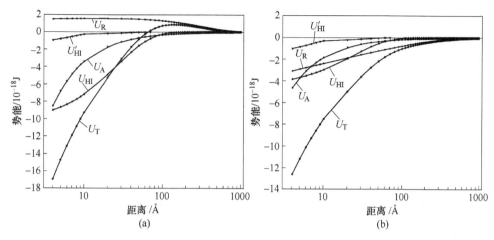

图 3-19　石英微粒与煤油油珠间的作用势能曲线

（a）石英+十二胺+煤油；（b）石英+十二胺—煤油

因为传统工艺是针对微细粒矿物进行疏水聚团分选，矿物粒度极细，捕收剂用量很大，矿物表面捕收剂的覆盖率通常高达80%~90%，所以矿物的疏水化程度决定了其与非极性油的作用强弱。而在本书中，油药比为1∶1的油药混合浮选过程中，矿物表面捕收剂的覆盖率不足15%，在这种弱疏水性的条件下，静电作用以及范德华作用与疏水作用同样重要，这三者的数值在同一个数量级。

通过对比传统的预先疏水化再添加煤油与煤油以十二胺—煤油的形式作为辅助捕收剂两种工艺中石英矿粒与煤油油珠的相互作用势能曲线，发现十二胺—煤油混溶捕收剂以活性煤油的形式通过静电引力与疏水作用与矿粒作用，强化了油珠与矿物的黏附过程，有力地支持了十二胺—煤油混溶捕收剂与石英相互作用的模型。

参 考 文 献

[1] 卢寿慈，戴宗福. 矿物微粒在水中的疏水絮凝研究非极性油珠能疏水矿粒间的作用 [J]. 胶体与界面化学，1987（S1）：30-38.

[2] 郑水林. 表面电位及中性的分散度对矿粒与油滴之间作用能的影响 [J]. 武汉工业大学学报，1992，14（3）：66-70.

[3] 宋少先，卢寿慈. 非极性油对水中微粒矿物疏水絮凝强化作用的研究 [J]. 有色金属，1992，44（3）：26-32.

[4] 卢寿慈，翁达. 矿物分选原理及应用 [M]. 北京：冶金工业出版社，1992：306-325.

[5] Atkins P, Paula J D, Physical C. Physical Chemistry. 8 ed. Oxford University Press, Great Brit-

ain. 2006.

［6］王正烈，周亚平．物理化学［M］．4 版．北京：高等教育出版社，2001.

［7］吕小博．稠油油溶性降粘聚合物的合成及其降粘剂降粘性能研究［D］．济南：山东大学，2012.

［8］刘建军，吉干芳，王淀佐．中性油乳浊液性质的研究［J］．中南矿冶学院学报，1989，20（3）：238-244.

［9］Somasundaran P，Wang D. Solution Chemistry：Minerals and Reagents［M］. Elsevier Science，2006，20-22.

［10］Huang Z Q，Zhong H，Wang S，et al. Gemini trisiloxane surfactant：Synthesis and flotation of aluminosilicate minerals［J］. Minerals Engineering，2014（56）：145-154.

［11］Fuerstenaua D W，Pradip T. Zeta potentials in the flotation of oxide and silicate minerals［J］. Advances in Colloid and Interface Science，2005（114-115）：9-26.

［12］Novich B E，Ring T A. A predictive model for the alkylamine-quartz flotation system［J］. langmuir，1985（01）：701-708.

［13］Crawford R，Ralston J. The influence of particle size and contact angle in mineral flotation［J］. International Journal of Mineral Processing，1988，23（1-2）：1-24.

［14］Chibowski E，Holysz L. Correlation of surface free energy changes and floatability of quartz［J］. Journal of Colloid and Interface Science，1985（112）：15-23.

［15］谢广元，张明旭，边炳鑫，等．选矿学［M］．徐州：中国矿业大学出版社，410-415.

［16］Yin W Z，Yang X S，Zhou D P，et al. Shear hydrophobic flocculation and flotation of ultrafine Anshan hematite using sodium oleate［J］. Transactions of Nonferrous Metals Society of China，2011（21）：652-664.

［17］Zhou D P. Investigation of shear flocculation of ultrafinehematite and quartz［D］. Shenyang：Northeastern University，2008.

［18］БИ 别列利曼．简明化学手册［M］，北京：化学工业出版社，1957.

［19］陈宗淇，王光信，徐桂英．胶体与表面化学［M］．北京：高等教育出版社，2001.

［20］王晖．辉钼矿浮选体系中的界面相互作用研究［D］．长沙：中南大学，2007：28.

［21］Visser J，Advances in Colloid and Interface Science，1972（3）：344.

［22］Bhargava A，et al. Interfacial studies related to the recovery of mineral slimes in a water-hydrocarbon liquid-collector system［J］. Journal of Colloid and Interface Science，1978（64）：214.

［23］Mukerjeep P. The Journal of Chemical Physics，1962（66）：1773.

［24］Lin I J. Journal of Colloid and Interface Science，1971（37）：731.

4 胺类捕收剂组合用药二元混溶捕收剂配伍方案

<<<<<<<<<<<<<<<<<<<<<<<<<<<<<<<<<<<<<<<<<<<<<<<<<<<<<

　　如第1章所述,铁矿阳离子捕收剂反浮选工艺中的组合用药主要包括:胺-胺组合以及胺-非极性油组合。本章较为系统地叙述了传统阳离子捕收剂之间的组合用药,包括伯单胺与伯醚胺、伯醚胺与多胺以及伯单胺与多胺之间胺-胺组合,以及胺与典型的辅助捕收剂煤油之间的组合,以此来比较胺-胺组合与胺-非极性烃组合之间的提效效果。并系统地讨论了煤油等燃料油类辅助捕收剂中各种烃类组分对组合捕收剂提效效果的影响,主要包括十二胺与饱和脂肪烃、不饱和烃、脂环烃以及芳香烃之间的作用,同时还探讨了十二胺与具有表面活性的长链有机物脂肪醇、脂肪酯之间的组合使用效果。

　　不同烃类组分对组合捕收剂提效效果影响的本质是十二胺在不同油相/水相界面吸附过程。因此,研究十二胺在油水界面的吸附规律,对深入理解十二胺与烃类油的组合使用提效机理和开展新型烃类油-捕收剂组合研究具有重要的理论指导意义。本章采用分子动力学模拟方法研究十二胺在油水界面的吸附性质,考察油相性质对表面活性剂吸附性质的影响,从微观上揭示捕收剂在油水界面的吸附规律,完善捕收剂-烃类油的提效机理。

　　对于捕收剂组合使用协同效应的分析表明,一方面可以对比捕收剂单独与组合使用时浮选获得的精矿品位、回收率与其组合后获得的精矿品位、回收率,从对比中间接反映协同效应的存在,此种方法对协同效应没有本身的度量;另一方面可将药剂的组合比与回收率或选矿效率作图,从图分析看出协同效应的存在[1~3]。而张闿则提出了协同效应的量化表达式,即协同效应回收率表达式以及选矿效率表达式[4]。

　　协同效应的回收率表达式指的是组合药剂所获得的回收率与组合用药中组合比为权数各个药剂单独使用时所获得的回收率加权平均值的差值。其表达式为:

$$\varepsilon_{sv} = \varepsilon - \varepsilon_s \qquad (4-1)$$

式中,ε_{sv} 为协同效应值;ε 为各个药剂单独使用时所获回收率值与不同组合比时计算得出的加权平均值,%。

　　协同效应的回收率表达式显然只对单矿物或组合药剂对精矿品位没有影响的矿石试验结果的评价有意义,而对于品位和回收率均有影响的矿石试验结果需采用同时反映品位与回收率变化的综合指标——选矿效率。

协同效应的选矿效率表达式参照的是回收率表达式的计算原理和方法，得出以组合比为权数的效率加权平均值 E，该值与对应组合比时试验得出的效率的差值，即为以效率表达的协同效应。其表达式为：

$$E_{sv} = E - E_s \tag{4-2}$$

式中，E_{sv} 为协同效应值；E_s 为各个药剂单独使用时所获分选效率值与不同组合比时计算得出的加权平均值，%。

在本书研究中，胺-非极性油组合捕收剂中非极性油对亲水性矿物没有捕收能力，而此时若采用加权平均值来计算 ε_s 或 E_s，相当于默认了药剂用量与回收率或选矿效率呈线性关系，这样并不合理，所以计算过程中 ε_s 及 E_s 选择的是该条件下十二胺作为捕收剂时的回收率或选矿效率；而胺-胺组合时采用的是张阎提出的公式。需要指出本书中以单矿物作为研究对象时，协同效应采用的是回收率表达式；以实际矿物作为研究对象时，协同效应采用的是选矿效率表达式。

4.1　阳离子捕收剂胺-胺组合药剂浮选石英试验

4.1.1　十二胺与十二烷基丙基醚胺组合药剂浮选石英

十二胺（DDA）与十二烷基丙基醚胺组合捕收剂浮选石英的结果如图 4-1 所示。试验在自然 pH 值下进行，十二胺与十二烷基丙基醚胺的药剂总用量为 60g/t。从图 4-1 中可以看出，对于石英而言，十二烷基丙基醚胺的捕收能力略优于十二胺，这是因为有机醚官能特性的 C—O 亲水基团的存在，改善了药剂的溶解性，促进药剂吸附在固-液和液-气界面上[5]；且随着组合捕收剂中十二烷基丙

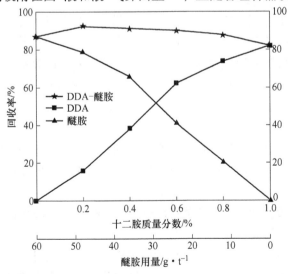

图 4-1　十二胺与十二烷基丙基醚胺组合使用浮选结果

基醚胺含量的增加，组合捕收剂的捕收能力增大。十二胺与十二烷基丙基醚胺药剂组合的协同效应结果如图 4-2 所示。结果表明，十二胺与十二烷基丙基醚胺组合使用可产生一定的正协同作用，随着十二胺用量的增大，协同效应呈现降低的趋势，在十二胺与十二烷基丙基醚胺组合比 0.2~0.6 的区间内，ε_{sv} 约为 5.5%，当十二胺含量为 80% 时，ε_{sv} 降为 4% 左右。

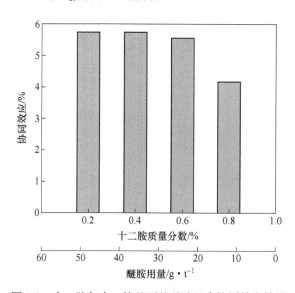

图 4-2　十二胺与十二烷基丙基醚胺组合协同效应结果

4.1.2　十二胺与 N-十二烷基 1，3 丙二胺组合药剂浮选石英

十二胺与 N-十二烷基 1，3 丙二胺组合捕收剂对石英浮选行为的影响如图 4-3 所示，试验在自然 pH 值下进行，十二胺与二胺的药剂总用量为 60g/t。从图 4-3 中可以看出，对于石英而言，十二胺的捕收能力略优于 N-十二烷基 1，3 丙二胺，这是因为纯 N-十二烷基 1，3 丙二胺（非盐酸盐）的黏度很大[6]，在水中的分散程度较十二胺差。如图 4-3 所示，随着组合捕收剂中十二胺含量的增加，组合捕收剂的捕收能力增大。十二胺与 N-十二烷基 1，3 丙二胺药剂组合的协同效应结果如图 4-4 所示。结果表明，十二胺与 N-十二烷基 1，3 丙二胺组合使用可产生一定的正协同作用，且其数值略高于十二胺与十二烷基丙基醚胺的组合；随着十二胺用量的增大，协同效应呈现先增大后降低的趋势，在十二胺与 N-十二烷基 1，3 丙二胺组合比为 0.6 时，ε_{sv} 达到峰值约为 8%。

4.1.3　十二烷基丙基醚胺与 N-十二烷基 1，3 丙二胺组合药剂浮选石英

十二烷基丙基醚胺与 N-十二烷基 1，3 丙二胺捕收剂组合使用浮选石英的结

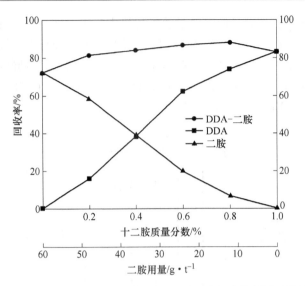

图 4-3　十二胺与 N -十二烷基 1，3 丙二胺组合使用浮选结果

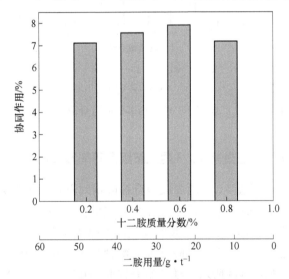

图 4-4　十二胺与 N -十二烷基 1，3 丙二胺组合使用协同效应结果

果如图 4-5 所示。试验在自然 pH 值下进行，十二烷基丙基醚胺与 N-十二烷基 1，3 丙二胺的药剂总用量为 60g/t。从图 4-5 中可以看出，对于石英而言，十二烷基丙基醚胺的捕收能力优于 N-十二烷基 1，3 丙二胺，且随着组合捕收剂中醚胺含量的增加，组合捕收剂的捕收能力增大。十二烷基丙基醚胺与 N-十二烷基 1，3 丙二胺药剂组合的协同效应结果如图 4-6 所示。结果表明，十二烷基丙基醚胺与 N-十二烷基 1，3 丙二胺组合使用可产生一定的正协同作用，且随着醚胺用量的增大，协同效应逐渐增大，在十二烷基丙基醚胺与 N-十二烷基 1，3 丙二胺组合

比为 0.8 时，ε_{sv} 达到峰值约为 5.5%。不过，十二烷基丙基醚胺与 N-十二烷基 1，3 丙二胺组合的协同效应略低于十二胺与十二烷基丙基醚胺以及十二胺与 N-十二烷基 1，3 丙二胺的药剂组合。

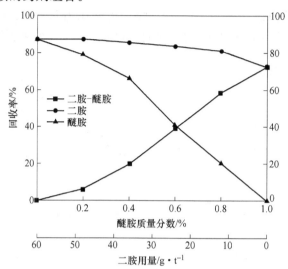

图 4-5 十二烷基丙基醚胺与 N-十二烷基 1，3 丙二胺组合使用浮选结果

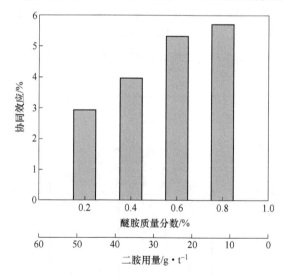

图 4-6 十二烷基丙基醚胺与 N-十二烷基 1，3 丙二胺组合使用协同效应结果

4.2 胺类捕收剂与煤油组合用药浮选石英试验

4.2.1 十二胺与煤油组合使用浮选石英

十二胺与煤油组合使用浮选石英的结果如图 4-7 所示。试验在自然 pH 值下

进行，十二胺与煤油的药剂总用量为 60g/t。十二胺与煤油药剂组合的协同效应结果如图 4-8 所示。从图 4-8 中可以看出，对于石英而言，煤油作为辅助捕收剂与十二胺组合使用产生了显著的协同效应，且随着十二胺用量的增大，协同效应呈现先增大后降低的趋势，在十二胺与煤油组合比为 0.4 时，ε_{sv} 达到峰值约为 25%，与胺-胺组合对比可知十二胺-煤油之间的组合提效效果更为明显。

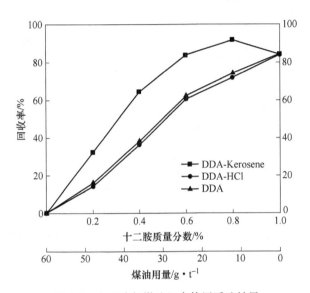

图 4-7　十二胺与煤油组合使用浮选结果

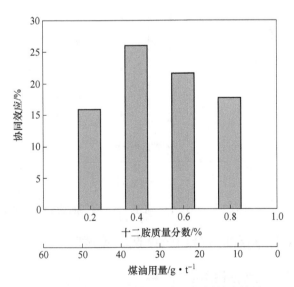

图 4-8　十二胺与煤油组合使用协同效应结果

4.2.2 N-十二烷基1，3丙二胺与煤油组合使用浮选石英

N-十二烷基1，3丙二胺与煤油组合使用浮选石英的结果如图4-9所示。试验在自然 pH 值下进行，N-十二烷基1，3丙二胺与煤油的药剂总用量为 60g/t。N-十二烷基1，3丙二胺与煤油药剂组合的协同效应结果如图4-10所示。从图4-10中可以看出，相对于十二胺-煤油而言，煤油作为辅助捕收剂与 N-十二烷基1，

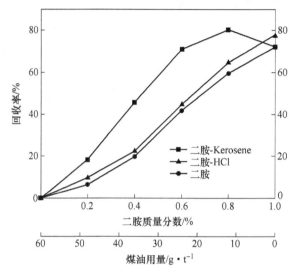

图 4-9 N -十二烷基1，3丙二胺与煤油组合使用浮选结果

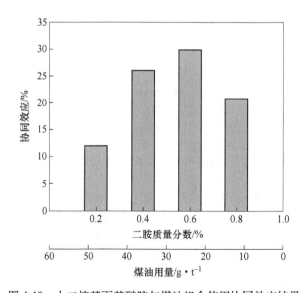

图 4-10 十二烷基丙基醚胺与煤油组合使用协同效应结果

3丙二胺组合使用产生了更为显著的协同效应，且随着N-十二烷基1，3丙二胺用量的增大，协同效应呈现先增大后降低的趋势，在N-十二烷基1，3丙二胺与煤油组合比为0.6时，ε_{sv}达到峰值大于30%。但是就石英回收率而言，N-十二烷基1，3丙二胺–煤油捕收剂的捕收能力低于十二胺–煤油，以十二胺–煤油作为捕收剂石英的最高回收率接近90%。

4.2.3　十二烷基丙基醚胺与煤油组合使用浮选石英

十二烷基丙基醚胺与煤油组合使用浮选石英的结果如图4-11所示。试验在自然pH值下进行，十二烷基丙基醚胺与煤油的药剂总用量为60g/t。十二烷基丙基醚胺与煤油药剂组合的协同效应结果如图4-12所示。从图4-12中可以看出，煤油作为辅助捕收剂与十二烷基丙基醚胺组合使用基本上没有协同效应，在整个试验区间内ε_{sv}值不超过4%，这说明十二烷基丙基醚胺–煤油组合没有提效效果。

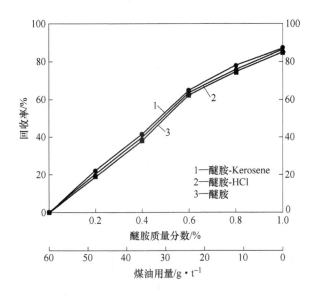

图4-11　十二烷基丙基醚胺与煤油组合使用浮选结果

通过胺–胺组合与胺–非极性油组合捕收剂对比试验可以看出，胺–煤油之间的组合提效效果更为明显；胺–胺组合具有一定的协同效应，其ε_{sv}值大多在10%以内；而十二胺–煤油以及N-十二烷基1，3丙二胺–煤油组合具有显著的协同效用，其ε_{sv}值接近30%，并且十二胺–煤油捕收剂的捕收能力强于N-十二烷基1，3丙二胺–煤油，所以在接下来的研究中着重探讨了煤油中不同组分的非极性烃与十二胺之间的相互作用。

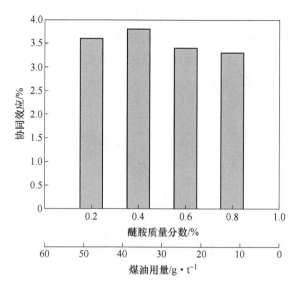

图 4-12　十二烷基丙基醚胺与煤油组合使用协同效应结果

4.3　不同辅助捕收剂与十二胺组合用药浮选石英试验

煤油是一种通过对石油进行分馏后获得的碳氢化合物的混合物，所以其组分差异很大，不过总的来说，煤油主要是由碳原子数 11～16 的直链烷烃、支链烷烃以及环烷烃组成，通常其含量至少占 70%，主要的芳烃如烷基苯和烷基萘通常不会超过 25%，烯烃通常不会超过 5% 以上[7]。为了研究煤油中各组分对组合捕收剂提效效果的影响，通过查阅资料[8]，对比脂肪烃、脂环烃、烯烃以及芳香烃的物理性质，主要选择了以下药剂，C10、C12、C14 以及 C16 的直链烷烃，C12 的直链烯烃，脂环烃-环己烷，芳香烃-二甲苯、甲基萘作为研究对象。

本节主要研究了煤油中的直链烷烃、烯烃、环烷烃以及芳香烃作为十二胺辅助捕收剂的提效效果，并探讨了烃链长度对的直链烷烃与十二胺组合提效效果的影响，以及不同的不饱和烃对组合捕收剂的影响，试图了解煤油中各组分的活性，同时对比了油溶性有机物（酯、醇）与十二胺组合的效果，对组合用药方案提供一定的指导。

4.3.1　不同烃链长度的烷烃与十二胺组合使用浮选石英

十二胺与不同烃链长度（C10～C16）直链烷烃捕收剂组合使用浮选石英的结果如图 4-13 所示。试验在自然 pH 值下进行，十二胺与烷烃的药剂总用量为60g/t。由图 4-13 可知，随着十二胺用量的增加，石英的回收率逐渐增大。但可以明显看出，不同组合捕收剂对石英的捕收能力存在差异，捕收能力从强到弱依次为：十二胺-正十六烷（Hexadecane）、十二胺-正十四烷（Tetradecane）、十二胺-正十二烷（Dodecane）以及十二胺-正癸烷（Decane），说明随着碳原子数增加，直链烷烃与十二胺组合捕收剂的捕收能力随之增大，但只有十二胺-正十六烷的捕收能力强于十二胺-煤油。

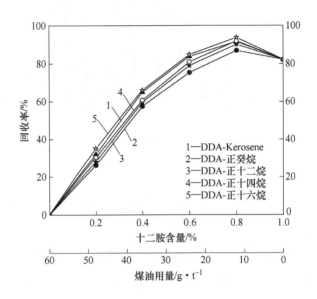

图 4-13　直链烷烃与十二胺组合使用浮选结果

　　十二胺与直链烷烃药剂组合的协同效应结果如图 4-14 所示。结果表明，十二胺与烷烃组合使用可产生显著的正协同作用，不同组合捕收剂产生的协同效应

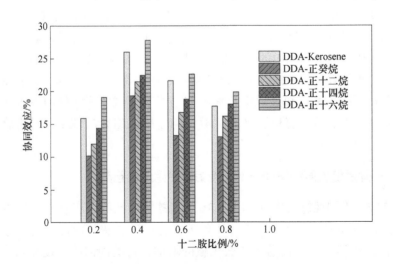

图 4-14　直链烷烃与十二胺组合使用协同效应结果

存在差异，协同效应从强到弱依次为：十二胺-正十六烷、十二胺-正十四烷、十二胺-正十二烷以及十二胺-正癸烷，且十二胺-正十六烷组合的协同作用强于十二胺-煤油。随着十二胺用量的增大，协同效应呈现先增大后降低的趋势，在十二胺与正十六烷组合比为 0.4 时，ε_{sv} 达到峰值，接近28%。

4.3.2 油溶性有机物（酯、醇）与十二胺组合使用浮选石英

十二胺与油溶性有机物十二酸乙酯（Dodecanoic acid ethyl ester）、油酸乙酯（Ethyl oleate）以及十二醇（Dedecanol）组合使用浮选石英的结果如图 4-15 所示。试验在自然 pH 值下进行，药剂总用量为 60g/t。由图 4-15 可知，随着十二胺用量的增加，石英的回收率逐渐增大。但可以明显看出，不同组合捕收剂对石英的捕收能力存在差异，捕收能力从强到弱依次为：十二胺-油酸乙酯、十二胺-十二醇以及十二胺-十二酸乙酯，但组合捕收剂的捕收能力均弱于十二胺-煤油。十二胺与十二酸乙酯、油酸乙酯以及十二醇药剂组合的协同效应结果如图 4-16所示。结果表明，十二胺与十二酸乙酯组合使用可产生一定的正协同作用，其 ε_{sv} 峰值可达到15%；与油酸乙酯以及十二醇的组合使用协同效应微弱，特别是在十二胺用量很低的条件下，其 ε_{sv} 低于5%。对于这三种组合捕收剂而言，随着十二胺用量的增大，协同效应呈现先增大后降低的趋势，均在十二胺用量60%时 ε_{sv} 达到峰值。

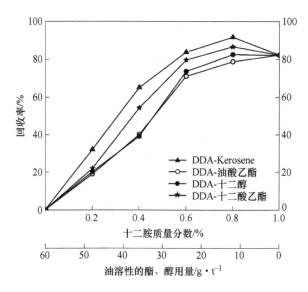

图 4-15 油溶性的酯、醇与十二胺组合使用浮选结果

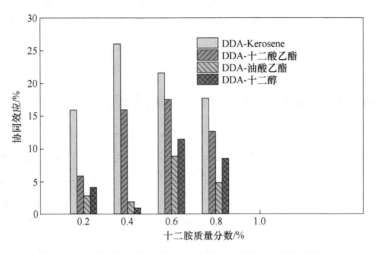

图 4-16　油溶性的酯、醇与十二胺组合使用协同效应结果

4.3.3　烯烃、脂环烃以及芳香烃与十二胺组合使用浮选石英

十二胺与脂肪烯烃、脂环烃以及芳香烃-十二烯（Dodecene）、环己烷（Cyclohexane）、二甲苯（Dimethylbenzene）以及甲基萘（Methylnaphthalene）组合使用浮选石英的结果如图 4-17 所示。试验在自然 pH 值下进行，药剂总用量为60g/t。由图 4-17 可知，随着十二胺用量的增加，石英的回收率逐渐增大。但可以明显

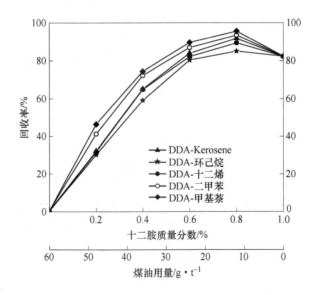

图 4-17　烯烃、环烷烃及芳香烃与十二胺组合使用浮选结果

看出，不同组合捕收剂对石英的捕收能力存在差异，捕收能力从强到弱依次为：十二胺-甲基萘、十二胺-二甲苯、十二胺-十二烯以及十二胺-环己烷，芳香烃作为十二胺辅助捕收剂的提效效果最好，且十二胺-二甲苯以及十二胺-甲基萘的捕收能力强于十二胺-煤油，在十二胺用量低的时候更为明显。

十二胺与十二烯、环己烷、二甲苯以及甲基萘组合药剂的协同效应结果如图4-18所示。结果表明，组合捕收剂可产生显著的正协同作用，不同组合捕收剂产生的协同效应存在差异，协同效应从强到弱依次为：十二胺-甲基萘、十二胺-二甲苯、十二胺-十二烯以及十二胺-环己烷，且十二胺-甲基萘以及十二胺-二甲苯烷组合的协同作用强于十二胺-煤油，随着十二胺用量的增大，协同效应呈现先增大后降低的趋势，在十二胺：甲基萘组合比为 0.4 时，ε_{sv} 达到峰值，接近35%。

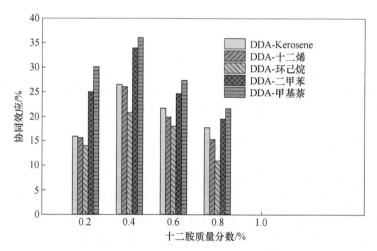

图 4-18　烯烃、环烷烃及芳香烃与十二胺组合使用协同效应结果

通过对比十二胺与碳原子数相同的烯烃-十二烯、烷烃-十二烷，以及对比脂环烃-环己烷与芳香烃-二甲苯与十二胺的药剂组合，可知组合药剂协同效应：正构烷烃 < 脂环烃 < 正构烯烃 < 芳烃（见图4-19）。二甲苯及甲基萘与十二胺组合具有更为显著的协同效应，不过二甲苯及甲基萘具有刺激性气味、易燃并且有微毒性，所以在第5章表面活性剂对混溶捕收剂增效机理研究中依然选择了十二胺-煤油二元混溶捕收剂作为研究对象。

4.4　十二胺在不同烷烃/水界面吸附过程的分子动力学研究

为了深入研究不同油相与十二胺组合药剂的提效机理，对组合用药提供一定的指导，结合第3章研究结论，十二胺-非极油组合捕收剂浮选石英最为关键的过程是十二胺作为乳化剂在界面吸附的过程，十二胺乳化非极性油的过程本质就

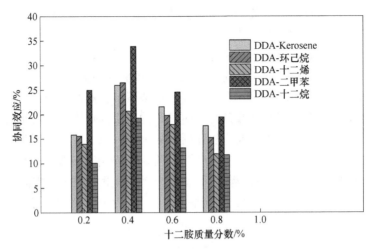

图 4-19　烷烃、烯烃、环烷烃及芳香烃与十二胺组合使用协同效应结果

是十二胺作为表面活性剂在油/水界面吸附的过程。鉴于此，本章采用分子动力学模拟方法研究十二胺在油水界面的吸附性质，考察油相性质对十二胺在油/水界面吸附过程的影响，从微观上揭示捕收剂在油水界面的吸附规律。

4.4.1　分子动力学（MD）模拟方法

本节选择捕收剂十二胺作为表面活性剂，选择正十二烷、正十二烯、环己烷、二甲苯及 1-甲基萘作为研究对象，其结构简式如图 4-20 所示，研究不同油相对表面活性剂十二胺在油/水界面活性的影响规律。所有分子模型的构建和计算工作均采用 Accerlrys 公司的 Materials Studio（MS）软件完成。

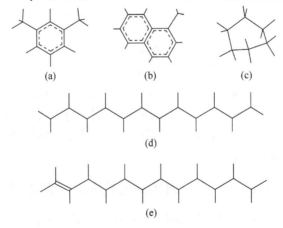

图 4-20　研究对象结构简式

（a）二甲苯；（b）1-甲基萘；（c）环己烷；（d）十二烷；（e）十二烯

首先利用 MS 软件构建分子计算模型，并通过 Discover 模块中的 Minimizer 工具对分子进行 5000 步的构型优化，使分子达到最优构型；然后利用 MS 软件包中的 Amorphous Cell 模块，分别构建含有水相、油相以及捕收剂十二胺单层膜的盒子（其中控制十二胺分子数与非极性烃分子数，使十二胺与非极性烃质量比约为 1：1，十二胺以 RNH_3^+ 的形式存在（见图 3-5），并以 Cl^- 作为补偿离子）；最后，构建包含油/水/捕收剂的模拟体系，体系模型结构如图 4-21 所示（十二胺在非极性烃/水界面的吸附过程）。水盒子在体系中心，两个捕收剂单层膜分别位于水盒子两侧，极性基靠近水相，烷烃链伸向油相，为了消除周期性边界条件的影响，所有模型均采用三维周期性结构。

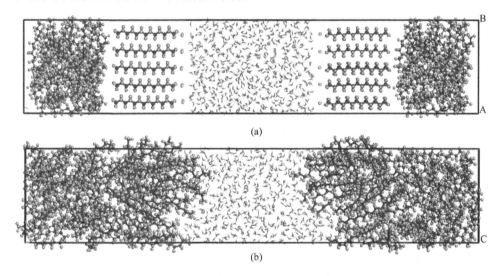

(a)

(b)

图 4-21　十二胺在十二烷/水界面吸附模拟
(a) 初始构型图；(b) 平衡构型图

在模拟过程中，为了让模拟结果更加真实可靠，首先将水分子、补偿离子以及表面活性剂极性基固定，进行 20ps 的正则系综（NVT）模拟退火过程[9]；然后解除固定，利用 discover 模块的 Minimezer 工具对体系进行 5000 步的构型优化；最后再进行 1ns 的等温等压（NPT）模拟。

模拟过程中采用 Compass[10] 力场，通过 Smart Minimizer 方法对体系进行优化。模拟温度为 298K，采用 Andersen 恒温器[11] 进行温度控制，采用 Nose 恒压器[12] 控制压强，各分子起始速度由 Maxwell-Boltzmann 分布随机产生，运用 Velocity Verlet 算法[13] 求解牛顿运动方程。范德华力和库仑相互作用采用 Charge Group 方法[14] 计算，截断半径取 1.25nm。截断距离之外的分子间相互作用能按平均密度近似方法进行校正。模拟中时间步长为 1fs，每 1ps 记录一次体系的轨迹信息。以温度和能量的演化曲线作为体系平衡的判据，如图 4-22 所示，温度的波动在（298±5）K 范围内，能量偏差在 3% 左右，表明体系已充分平衡。分析其他体系的能量和温度演化曲线，都得到相同的规律，不同体系的结构参数见表4-1。

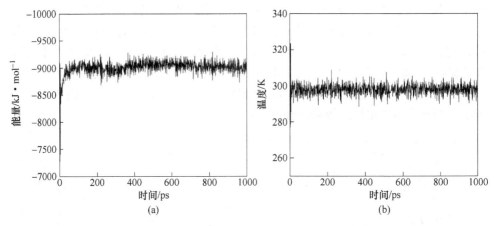

图 4-22　十二胺在十二烷/水吸附模拟体系能量和温度随时间的波动曲线

（a）能量曲线；（b）温度曲线

表 4-1　不同体系的结构参数

油　相		分子数	初始构型 /Å	平衡构型 /Å
十二烷	十二胺	30×2	25.00× 25.00 × 125.09	24.11× 24.11× 120.64
	油相	30×2		
	水相	700		
十二烯	十二胺	30×2	25.00 × 25.00 × 129.63	23.72 × 23.72 × 122.96
	油相	30×2		
	水相	700		
环己烷	十二胺	30×2	25.00 × 25.00 × 124.09	24.11 × 24.11 × 119.68
	油相	60×2		
	水相	700		
二甲苯	十二胺	30×2	25.00 × 25.00 × 126.68	23.98 × 23.98 × 121.52
	油相	55×2		
	水相	700		
甲基萘	十二胺	30×2	25.00 × 25.00 × 126.79	24.04 × 24.04 × 121.90
	油相	49×2		
	水相	700		

4.4.2　分子动力学（MD）模拟结果与讨论

4.4.2.1　捕收剂单层膜的界面形成能

十二胺具有表面活性能够降低油水界面能量，从而起到降低油水界面张力的效果。为了定量描述十二胺降低油水界面张力的能力，本书计算了不同的油相环境下的表面活性剂十二胺在油水界面的界面形成能（IFE），其定义如下[15]：

$$IFE = \frac{E_{Total} - (n \times E_{Collector} + E_{Oil\text{-}Water})}{n} \tag{4-3}$$

式中，E_{Total} 为模拟体系平衡时的总能量，kJ/mol；$E_{Collector}$ 为捕收剂单分子能量即十二胺单分子的能量，通过提取在真空条件下十二胺分子动力学平衡时的能量获得，kJ/mol；n 为表面活性剂的分子数；$E_{Oil\text{-}Water}$ 为烷烃/水体系的能量，通过提取相同数目的烷烃/水体系动力学平衡时的能量获得，kJ/mol。

界面形成能（IFE）的物理意义表示每个十二胺单分子在油/水界面吸附时的平均作用能量，其绝对值越大，表明十二胺降低油/水界面能量的能力越强，即十二胺的对该界面的界面活性越高。

十二胺在不同烷烃中的界面形成能如图 4-23 所示。由图 4-23 可知，十二胺降低不同油相/水界面界面张力的能力不同。十二胺在五种油/水界面形成能大小依次为：甲基萘 ＞ 二甲苯 ＞ 十二烯 ＞ 环己烷 ＞ 十二烷，这说明对于不同结构的烷烃而言，十二胺在烷烃/水界面吸附活性顺序为：芳烃 ＞ 正构烯烃 ＞ 环烷烃 ＞ 正构烷烃，这说明十二胺分子与甲基萘的作用最强，十二胺分子在甲基萘/水界面的界面张力最低，且模拟结果与浮选试验结果相当吻合。分析五种不同类型的非极性烃分子结构可知，这主要是由于非极性烃与水的作用不同而造成的，相对

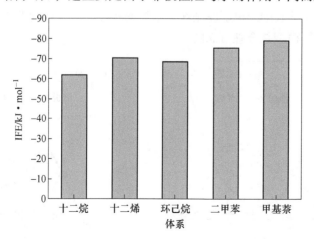

图 4-23　十二胺在不同烷烃中的界面形成能

于饱和脂肪烃与脂环烃而言，不饱和的烯烃的双键以及芳香烃的大 π 键具有较高的化学活性，容易与水分子结合，发生水化作用，有较好的分散性。十二胺在不同烷烃中的界面形成能见表 4-2。

表 4-2　十二胺在不同烷烃中的界面形成能

烷烃	能量/kJ · mol^{-1}			
	E_{Total}	$E_{Oil-Water}$	$E_{Collector}$	IFE
十二烷	−36925.16817	−15308.3146	−101.453632	−258.826424
十二烯	−40101.71118	−15134.09702	−101.453632	−294.101728
环己烷	−37353.83989	−14777.95076	−101.453632	−287.152104
二甲苯	−39210.72838	−14144.78186	−101.453632	−316.306216
甲基萘	−38559.41765	−12595.10357	−101.453632	−331.284936

4.4.2.2　捕收剂单层膜的界面形态

密度分布曲线可以反映捕收剂十二胺、水相水分子以及油相非极性烃在界面的分布规律。为此，本书计算了水分子、非极性烃、十二胺、Cl$^-$、十二胺极性基及其烷烃链沿 z 方向的密度分布，模拟结果呈对称分布，计算结果显示的是整个盒子的一半，z 轴方向长度约为 60Å。

计算结果如图 4-24 所示。对于水相而言，五个模拟体系的水分子均分布在构建的盒子中间，其体相平均密度均为 1.003(±0.003)g/cm^3；而油相则分布在盒子的两侧，其密度依次为正十二烯 0.765(±0.003)g/cm^3、正十二烷 0.748(±0.003)g/cm^3、环己烷 0.778(±0.003)g/cm^3、二甲苯 0.858(±0.003)g/cm^3、1-甲基萘 1.003(±0.003)g/cm^3。所得油水密度与常温下油水的密度基本一致，这说明模拟体系的尺度已能够反映真实油水界面的性质，以保证两单层膜中十二胺分子间不存在相互作用，两个捕收剂的单层膜则在油水界面相互独立，彼此互不影响，说明本书所选取的计算模型是合理可靠的。

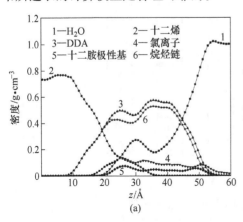

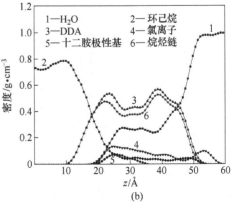

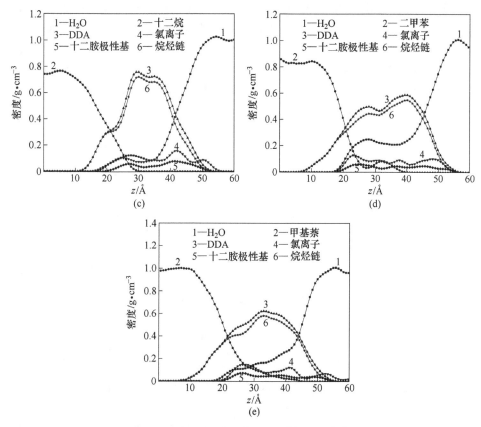

图 4-24 不同体系中各组分沿 z 轴的密度分布

（a）十二烯；（b）环己烷；（c）十二烷；（d）二甲苯；（e）甲基萘

分析图 4-24 可以发现，模拟体系中，水相和油相的分布区域存在一定的重合，十二胺单层膜分布在油水界面的过渡区域，十二胺极性基的分布区域与水相的过渡区域几乎完全重合，而十二胺分子的疏水链的分布区域与油相区域只发生部分重合，这说明在十二胺的作用下，水分子和油分子存在一定的互溶。这是因为十二胺极性基带有较强的正电荷，具有较大的极性，具有较强的亲水作用，并且界面浓度较低，使得极性基有充分的空间与水分子完全互溶，使得部分水分子吸附在极性基的周围，从而扩大了水分子界面的过渡区域；而十二胺的疏水链向油相中伸展，二者之间存在较强的范德华力作用，使得油分子与疏水链发生一定的互溶，从而增大油相的过渡区域，虽然烷烃链与水分子之间虽然有较强的排斥作用，但是界面浓度较低，烷烃链并不能完全阻止水分子进入它的分布区域中，因此烷烃链与水相发生了部分重合。十二胺正是通过这种作用，使油水之间出现一定的互溶现象，从而使油水界面的界面张力降低。

　　吸附过程中界面层中水相、油相扩散层的厚度能够反映捕收剂在油水界面的活性，油水界面层的厚度越宽，则水相和油相的过渡区域越大，油水之间的界面排斥作用就会减弱，油水界面张力就会越低。为了详细描述油相性质对界面吸附形态的影响，本书测量了不同体系的界面层厚，采用"10%～90%厚度原则"[16,17]分别定义水相、油相以及包含油相及水相总体的界面层厚度，如图4-25所示。界面层厚度计算结果见表4-3。

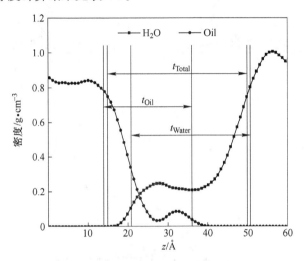

图 4-25　水相、油相以及总的界面层厚度定义示意图

表 4-3　十二胺在不同烷烃中的界面层厚度

烷 烃	界面层厚度 /Å		
	t_{Water}	t_{Oil}	t_{Total}
十二烷	29.932	17.863	30.035
环己烷	29.675	22.532	32.208
十二烯	29.658	23.368	32.603
二甲苯	30.101	24.105	33.235
甲基萘	29.063	25.035	34.017

　　由表4-3可知，不同体系的界面层厚度有所差异，其中甲基萘/水体系的界面层厚度最大，十二烷/水体系的界面层厚度最小，这说明十二胺在甲基萘/水界面活性较高，能够更有效地降低油水之间的界面张力。在五种不同的油相体系中，水的界面层厚度基本不变，而油相的界面层厚度具有较大差异，这是因为在五个体系中，捕收剂的极性基相同，与水的作用也基本相同，因此水的界面层厚度基本一样。而五个体系油相的性质有较大的不同，因此十二胺疏水链与油相的

作用存在一定差别，使得油相的界面层厚度有所差异。总的来说，五个油/水体系的界面层厚度依次为：甲基萘 > 二甲苯 > 十二烯 > 环己烷 > 十二烷，与浮选实验结果相一致。

参 考 文 献

[1] 梁瑞禄，石大新. 浮选药剂的混合使用及其协同效应 [J]. 国外金属选矿，1989 (4)：18-29.

[2] 张闾，朱家骥. 捕收剂混合使用的试验结果评价方法的研究 [J]. 金属矿山，1989 (9)：28-33.

[3] 王纪镇，印万忠，刘明宝，等. 浮选组合药剂协同效应定量研究 [J]. 金属矿山，2013 (5)：62-66.

[4] 张闾. 捕收剂混合使用的协同效应与其浮选性能的相关关系研究 [J]. 矿冶工程，1990，10 (3)：22-27.

[5] Araujo A C, Viana P R M, Peres A E C, Reagent in iron ores flotation [J]. Minerals Engineering, 2005 (18)：219-224.

[6] Scott J L, Smith R W. Diamine flotation of quartz [J]. Minerals Engineering, 1991 (4)：141-150.

[7] American Institute of Petroleum (September 2010). "Kerosene/Jet Fuel Assessment Document". EPA. p. 8. Retrieved 2010.

[8] www. chemfinder. com.

[9] Heermann D W. 理论物理学中的计算机模拟方法 [M]. 秦克成，译. 北京：北京大学出版社，1996：7-56.

[10] Rigby D, Sun H, Eichinger B E. Computer simulations of poly (ethylene oxides)：forcefield, PVT diagram and cyclization behavior [J]. Polymer International, 44 (3)：311-330.

[11] Andrea T A, Swope W C, Andersen H C. The role of long ranged forces in determining the structure and properties of liquid water [J]. The Journal of Chemical Physics, 1983, 79 (4)：4576-4584.

[12] Berendsen H J C, Postma J P M, Gunsteren W F. Molecular dynamics with coupling to an external bath [J]. The Journal of Chemical Physics, 1984, 81 (4)：3684-3690.

[13] Allen M P, Tildesley D J. Computer simulation of liquids [M]. Oxford：Clarendon Press, 1987：85-97.

[14] Allen M P, Tildesley D J. Computer simulation of liquids [M]. Oxford：Clarendon Press, 1987：85-97.

[15] Jang S S, Lin S T, Maiti P K. Molecular dynamics study of a surfactant-mediated decane-water interface：effect of molecular architecture of alky benzene sulfonate [J]. The Journal of Physical Chemistry B, 2004, 108 (32)：12130-12140.

［16］Rivera J L, Mccabe C, Cummings PT. Molecular simulations of liquid-liquid interfacial proper-ties: water-n-alkane and water-methanol-n-alkane systems ［J］. Physical Review B, E, 2003, 67（1）: 011603.

［17］Alejandre J, Tildesley D J, Chapela G A. Molecular dynamics simulation of the orthobaric den-sities and surface tension of water ［J］. The Journal of Chemical Physics, 1995, 102（11）: 4574-4583.

［18］Rigby D, Roe R J. Molecular dynamics simulation of polymer liquid and glass. Ⅱ. Short range order and orientation correlation ［J］. The Journal of Chemical Physics, 1988, 89（8）: 5280-5290.

5 表面活性剂对十二胺-煤油混溶
捕收剂增效机理

<<<<<<<<<<<<<<<<<<<<<<<<<<<<<<<<<<<<<<<<<<<<<<<<<<<<<<<<<<<

众所周知，表面活性剂具有两亲性质，在矿物浮选过程中，固-液界面特性如疏水性、分散性和 Zeta 电位等，皆可以通过表面活性剂的吸附而发生明显的变化[1~3]，而组合表面活性剂则具有更高的表面活性，这是因为两种表面活性剂分子烃链的疏水性互作用，在组合溶液中较易形成胶团，提高了表面活性[4]。就十二胺-煤油二元混溶捕收剂而言，加入表面活性剂的初衷是为了降低油水界面张力、气液界面张力，提高十二胺煤油的分散程度，以利于捕收剂与矿物的接触以及增强气泡的稳定性，同时借助表面活性剂与十二胺的相互作用，提高组合捕收剂的表面活性。

本章选择了油溶性的非离子型的 Span、Tween 以及 OP 系列表面活性剂，油溶性的阴离子表面活性剂油酸三乙醇胺及具有表面活性的阴离子型药剂油酸，以及兼具非离子性及阳离子性的 AC 系列表面活性剂，针对十二胺-煤油-表面活性剂多组分浮选剂在固液、气液界面分子间作用机制、行为与浮选意义进行了系统研究。采用表面张力测定、红外光谱分析、吸附热测试和浮选试验等手段，分别讨论表面活性剂与捕收剂组合使用对药剂表面活性、吸附机制和矿物可浮性的影响。

5.1 表面活性剂对十二胺-煤油混溶捕收剂增效效果

5.1.1 Span 系列表面活性剂-十二胺-煤油组合捕收剂浮选石英试验

Span 系列表面活性剂是失水山梨醇脂肪酸酯，它是山梨醇与脂肪酸经酯化反应脱水而得的产物，该系列表面活性剂溶于有机溶剂，不溶于水，能分散到热水中，具有良好的乳化性能[5,6]。

试验选择了 Span20、Span40、Span60 以及 Span80，其 HLB 值在 4.7~8.6 之间，Span 系列表面活性剂对十二胺-煤油混溶捕收剂浮选石英行为的影响如图 5-1 所示，试验条件是在自然 pH 值下，捕收剂与表面活性剂组合药剂的总量为 40g/t。

从图 5-1 中可以看出，Span 系列的表面活性剂对十二胺-煤油混溶捕收剂的增效效果甚微，Span40 和 Span60 这两种表面活性剂甚至起到了反作用，在添加 Span40 和 Span60 之后，十二胺-煤油混溶捕收剂对石英的捕收能力下降；而对于

Span20 以及 Span80，在表面活性剂用量 5%时，组合捕收剂的捕收能力小幅增大，随着表面活性剂用量的增加，同样出现了反效果。这是因为随着表面活性剂用量的增大，混溶捕收剂中具有捕收能力的有效组分十二胺的含量逐渐减少。Span 系列表面活性剂对十二胺浮选石英行为的影响（见图 5-1（b））与其对十二胺-煤油混溶捕收剂的影响规律相似，稍有不同的是 Span20 与 Span80 并未影响十二胺的捕收能力。

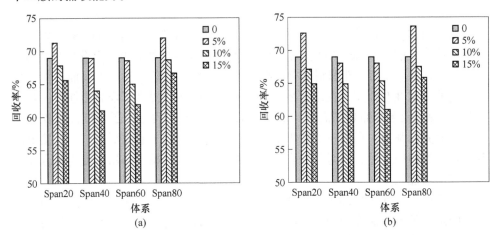

图 5-1   Span 系列表面活性剂对十二胺-煤油以及十二胺浮选石英行为的影响
（a）十二胺-煤油+Span；（b）十二胺+Span

Span 系列表面活性剂与十二胺-煤油混溶捕收剂复配使用时，表面活性剂物理性质将影响到组合捕收剂的物理性质。表面活性剂的加入会影响混溶捕收剂的熔点，当加入高熔点的表面活性剂时，十二胺-煤油的上临界互溶温度随之升高，这样在常温环境下的矿浆中，混溶捕收剂更容易凝固析出，混溶捕收剂的分散性降低，不利于捕收剂与矿物之间相互作用。反之，当加入低熔点的表面活性剂时，十二胺煤油的上临界互溶温度随之减小，混溶捕收剂在矿浆中的分散性增强，矿物与捕收剂接触的概率增大。

Span20 是失水山梨醇单月桂酸酯，在常温是液体，具有低的熔点；Span80 是失水山梨醇单油酸酯，常温下是黏稠液体；Span40 是失水山梨醇单棕榈酸酯，熔点为 45～47℃；Span60 是失水山梨醇单硬脂酸酯，凝固点为 50～52℃[5,6]。相对于 Span20 与 Span80 而言，Span40 以及 Span60 这两种高熔点的表面活性剂与十二胺-煤油混溶捕收剂复配使用会使其上临界互溶温度升高，这不利于混溶捕收剂在矿浆中的溶解分散，会恶化浮选效果。

5.1.2 Tween 系列表面活性剂-十二胺-煤油组合捕收剂浮选石英试验

Tween 系列表面活性剂是聚氧乙烯失水山梨醇脂肪酸酯，它是失水山梨醇脂肪酸酯与环氧乙烷加成而得的产物，其分子上因加成环氧乙烷所以亲水性增强，加成数目越多，其亲水性则越强，并能溶于水[5,6]。试验选择了 Tween20、Tween40、Tween60 以及 Tween80，其 HLB 值在 14.9~16.7 之间。

Tween 系列表面活性剂对十二胺-煤油混溶捕收剂浮选石英行为的影响如图5-2 所示。从图 5-2 中可以看出，Tween 系列表面活性剂对混溶捕收剂具有增效效果。加入 Tween 表面活性剂后，石英回收率有不同程度的提高。对于这四种Tween 系列表面活性剂都有同样的规律即表面活性剂最佳用量为捕收剂总量的5%，此时石英的回收率接近 78%，与十二胺-煤油混溶捕收剂相比高出了将近 8%。

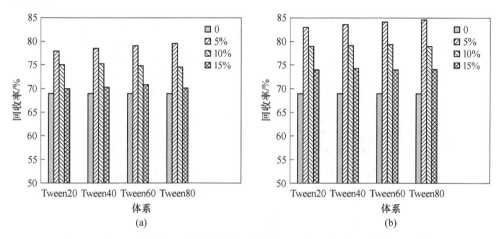

图 5-2　Tween 系列表面活性剂对十二胺-煤油及十二胺浮选石英行为的影响
（a）十二胺-煤油+Tween；（b）十二胺+Tween

Tween 系列表面活性剂对十二胺浮选石英的影响如图 5-2（b）所示。Tween系列表面活性剂对十二胺具有明显的增效效果，当表面活性剂用量为捕收剂用量5%时，石英的回收率已从 70% 增至 85% 左右，继续增加表面活性剂的用量，石英的回收率小幅减小，这表明少量的 Tween 系列表面活性剂就能达到显著的增效效果。对比 Span 系列表面活性剂浮选石英的结果可以看出，水溶性的 Tween 表面活性剂更有利于石英的浮选。

5.1.3　OP 系列表面活性剂-十二胺-煤油组合捕收剂浮选石英试验

OP 系列的表面活性剂为辛基酚与环氧乙烷加成的产物。OP 系列的表面活性剂由相同的疏水结构辛基酚基团，与不同长度的聚氧乙烯链的亲水基团组成。烷基酚由于分子结构中有苯酚基团，本身就具有一定的亲水性，苯酚基团的极性强过多元醇的羟基，与具有亲水性的环氧乙烷加成后所得的产物亲水性更强，加成数目越多，其亲水性则越强[5,6]。试验选择了 OP-4、OP-7、OP-10 以及 OP-13，其 HLB 值在 8.9~14.4 之间。

OP 系列表面活性剂对十二胺-煤油混溶捕收剂浮选石英行为的影响如图 5-3 所示。从图 5-3 中可以看出，OP 系列表面活性剂对十二胺-煤油混溶捕收剂具有显著的增效效果。少量的表面活性剂就可大幅提高石英回收率，表面活性剂在混溶捕收剂中最佳比例为 5%，石英的回收率从 70% 提高到了将近 80%。当表面活性剂浓度过高时，出现了与 Tween 系列捕收剂类似的现象，不利于石英的浮选。OP 系列表面活性剂对十二胺浮选石英行为的影响如图 5-3（b）所示，从图 5-3 中可以看出，OP 系列表面活性剂对 DDA 捕收剂具有明显的增效效果，其增效效果与 Tween 系列表面活性剂相当。

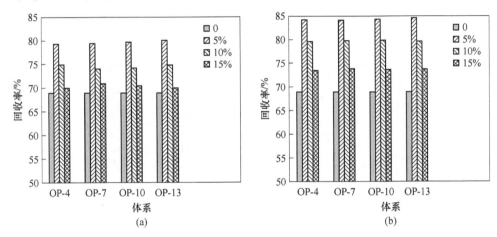

图 5-3　OP 系列表面活性剂对十二胺-煤油及十二胺浮选石英行为的影响
（a）十二胺-煤油+OP；（b）十二胺+OP

5.1.4　AC 系列表面活性剂-十二胺-煤油组合捕收剂浮选石英试验

AC 是脂肪胺聚氧乙烯醚系列的表面活性剂，是十二胺与环氧乙烷加成反应的产物，当环氧乙烷加成数目少时不溶于水而溶于油，由于具有有机胺的结构，分子中的氮含有孤对电子，故能以氢键与水分子中的氢结合，使氨基带上正电，故可溶于酸性水溶液中。当环氧乙烷加成数目多时，其非离子特性增大，阳离子性相对减小，加成数目越多，其亲水性则越强[5,6]。AC1201 是油溶性的十二胺聚氧乙烯醚，其 HLB 值约为 6.4，AC1205 是水溶性的十二胺聚氧乙烯醚，其 HLB 值约为 12.4。

AC 系列表面活性剂对十二胺-煤油混溶捕收剂浮选石英行为的影响如图 5-4 所示。从图 5-4 中可以看出，AC 系列表面活性剂对混溶捕收剂具有显著增效效果。加入 AC 表面活性剂后，石英回收率有不同程度的提高，且表面活性剂最佳用量为捕收剂总量的 5%。油溶性 AC1201 的增效效果优于水溶性的 AC1205，当

AC1201用量为5%时石英的回收率从70%提高到了85%，而与AC1205组合使用时，回收率增至80%。并且随着AC1201用量增加并未出现石英回收率下降的现象。

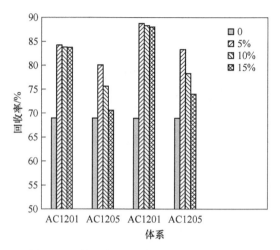

图5-4　AC系列表面活性剂对十二胺-煤油以及十二胺浮选石英行为的影响

AC系列表面活性剂对十二胺浮选石英的影响如图5-4（右两列）所示，AC1201对十二胺具有明显的增效效果，当AC1201的用量为十二胺用量5%时，石英的回收率已增至将近90%，并且随着AC1201用量的增大，石英回收率并未出现减小的趋势；AC1205对混溶捕收剂的增效效果与Tween以及OP系列表面活性剂相当，略逊于AC1201。对比Span、Tween以及OP系列表面活性剂浮选石英的结果可以看出，AC1201表面活性剂与十二胺-煤油组合更有利于石英的浮选。

5.1.5　油酸系列有机物对十二胺-煤油组合捕收剂浮选石英行为的影响

有大量的研究表明，阴、阳离子捕收剂组合使用可以提高药剂的选择性，不同电性捕收剂共用时，会发生中性分子与离子的共吸附，阴、阳离子捕收剂之间可形成分子配合物，该分子可与阴、阳离子型捕收剂产生共吸附[7]。于是采用油溶性的具有阴离子性的油酸（HOL）以及油酸三乙醇胺（TEA. HOL）与十二胺-煤油二元混溶捕收剂组合，油酸系列有机物对十二胺-煤油混溶捕收剂浮选石英行为的影响如图5-5所示。从图5-5中可以看出，阴离子系列有机物的加入并未提高混溶捕收剂的捕收能力，这可能是因为其与荷正电的十二胺阳离子发生反应，生成了电中性的配合物，导致活性组分含量减少，影响了浮选效果。

通过对比表面活性剂与十二胺-煤油混溶捕收剂以及纯十二胺组合药剂的浮选效果，发现表面活性剂对混溶捕收剂的增效效果与其对混溶捕收剂中十二胺的

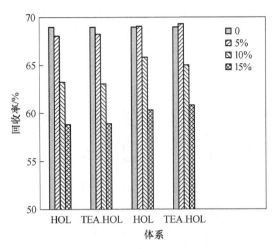

图 5-5　油酸系列表面活性剂对十二胺-煤油以及十二胺浮选石英行为的影响

增效效果是分不开的，两者具有相同变化的趋势，并且表面活性剂对十二胺的增效效果优于十二胺-煤油组合捕收剂。这说明正是由于表面活性剂与十二胺之间的相互作用，进而促进混溶捕收剂的捕收能力。因此，接下来主要研究了表面活性剂与十二胺的相互作用。

5.2　表面活性剂与十二胺组合使用对溶液表面张力的影响

浮选过程中捕收剂的捕收能力主要体现在矿物疏水上浮的过程中，使矿物表面疏水和使疏水矿物黏附于气泡上浮两个过程。从热力学上来讲，这两个过程分别受润湿功和黏着功的控制[8]。润湿功（W_{SL}）为水在固体表面黏附润湿的过程中，体系对外做的最大功，见式（5-1）。

$$W_{SL} = \gamma_{SG} + \gamma_{LG} - \gamma_{SL} = -\Delta G \tag{5-1}$$

将 Yong 方程式

$$\gamma_{SG} = \gamma_{LG}\cos\theta + \gamma_{SL} \tag{5-2}$$

代入式（5-1），得：

$$W_{SL} = \gamma_{LG}(1 + \cos\theta) \tag{5-3}$$

矿粒向气泡附着的过程中，体系固液界面和液气界面消失，新生成固气界面，为铺展润湿的逆过程，该过程体系对外所做的最大功定义为黏着功 W_{SG}：

$$W_{SG} = \gamma_{SL} + \gamma_{LG} - \gamma_{SG} = -\Delta G \tag{5-4}$$

将 Yong 方程式（5-2）代入式（5-4），得：

$$W_{SG} = \gamma_{LG}(1 - \cos\theta) \tag{5-5}$$

式中，γ_{LG} 的数值与液体的表面张力相同；θ 指的是接触角。
于是由式（5-3）和式（5-5）可以分别算出润湿功 W_{SL} 和黏着功 W_{SG}。

对于润湿功，可以理解为将固液界面自交界处拉开所需的最小功，显然，$\cos\theta$ 越小或 γ_{LG} 越小，固液界面结合得越不紧密，固体表面疏水性越强，越有利于矿粒的疏水上浮。而黏着功代表了矿粒与气泡黏着的牢固程度，显然，$(1-\cos\theta)$ 越大或 γ_{LG} 越大，固气界面结合越牢。

总的来说，在有起泡能力稳定的体系中，降低气液界面张力 γ_{LG} 对浮选是有利的。因此采用非离子型表面活性剂 Span、Tween、OP、AC 以及阴离子型的表面活性物质油酸为代表，研究其与十二胺组合使用对液气界面性质的影响，主要探讨表面活性剂加入后，组合药剂与纯十二胺相比，在胶团形成能力、降低表面张力效率和降低表面张力能力三个方面的变化。

5.2.1 Span 系列表面活性剂对十二胺表面张力的影响

Span 系列表面活性剂与十二胺按照 10∶1 的质量比混合对溶液表面张力的影响如图 5-6 所示。从图 5-6 中看出，纯十二胺的临界胶束浓度约为 2000mg/L，此

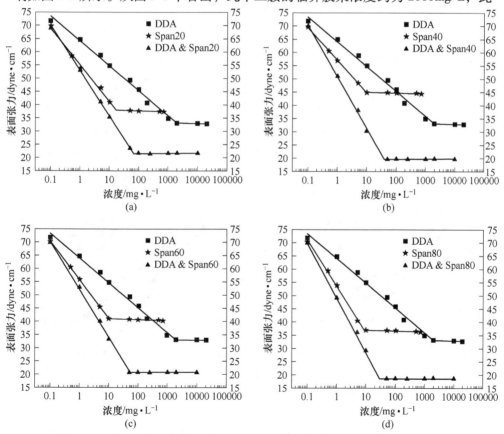

图 5-6 Span 系列表面活性剂对十二胺溶液表面张力的影响

（a）Span20；（b）Span40；（c）Span60；（d）Span80

时十二胺溶液的表面张力约为 32dyne/cm，与文献报道相一致[9]。Span 系列表面活性剂的临界胶束浓度约为 10mg/L，Span 系列表面活性剂在降低溶液表面张力的效率方面优于十二胺，即达到一定的表面张力所需 Span 系列表面活性剂的浓度低于十二胺，并且在降低表面张力能力方面，Span 系列表面活性剂也更强，也就是说，Span 溶液能达到更低的表面张力。随着 Span 系列表面活性剂的加入，十二胺溶液的临界胶束浓度以及表面张力均得到了改善，Span80 的效果最佳，不但在降低表面张力能力方面优于其他组合，而且在降低溶液表面张力的效率方面明显优于其他组合，其临界胶束浓度约为 30mg/L，表面张力降至 18dyne/cm。

5.2.2　Tween 系列表面活性剂对十二胺表面张力的影响

Tween 系列表面活性剂与十二胺按照 10:1 的质量比混合对溶液表面张力的影响如图 5-7 所示。从图 5-7 中看出，Tween 系列表面活性剂的临界胶束浓度从

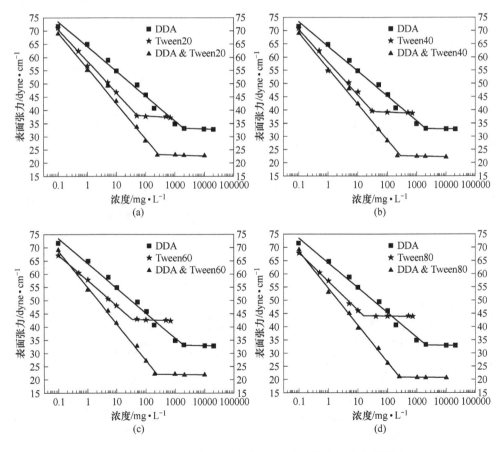

图 5-7　Tween 系列表面活性剂对十二胺溶液表面张力的影响
(a) Tween20；(b) Tween40；(c) Tween60；(d) Tween80

小到大依次是：Tween20、Tween40、Tween60 以及 Tween80，而降低表面张力能力趋势从小到大依次是：Tween80、Tween60、Tween40 以及 Tween20。与 Tween 系列表面活性剂相比，十二胺在降低溶液表面张力的效率方面不及 Tween，但在降低表面张力能力方面却优于 Tween 系列表面活性剂。随着 Tween 系列表面活性剂的加入，十二胺溶液的临界胶束浓度以及表面张力均得到了改善，其临界胶束浓度约降至 200mg/L，表面张力降至约 20dyne/cm。对比 Span 系列表面活性剂对十二胺溶液表面张力的影响可以看出，与 Tween 系列表面活性剂相比，Span 系列表面活性剂提高了十二胺降低表面张力的效率和形成胶团的能力。

5.2.3　OP 系列表面活性剂对十二胺表面张力的影响

OP 系列表面活性剂与十二胺按照 10∶1 的质量比混合对溶液表面张力的影响如图 5-8 所示。从图 5-8 中看出，OP 系列表面活性剂的临界胶束浓度从小到大

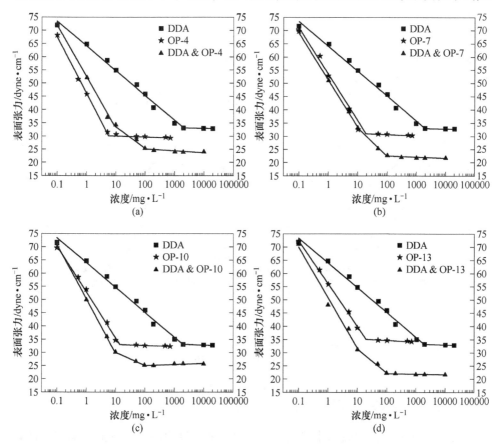

图 5-8　OP 系列表面活性剂对十二胺溶液表面张力的影响
(a) OP-4；(b) OP-7；(c) OP-10；(d) OP-13

依次是：OP-4、OP-7、OP-10 以及 OP-13，而降低表面张力能力趋势从小到大依次是：OP-13、OP-10、OP-7 以及 OP-4。十二胺在降低溶液表面张力的效率方面不及 OP 系列表面活性剂，但在降低表面张力能力方面却优于 OP-10 及 OP-13。随着 OP 系列表面活性剂的加入，十二胺溶液的表面张力出现了先迅速减小后缓慢减小的变化趋势，其临界胶束浓度约降至 100mg/L，表面张力降至约 25dyne/cm。对比 Tween 系列表面活性剂对十二胺溶液表面张力的影响可以看出，与 Tween 系列表面活性剂相比，OP 系列表面活性剂提高了十二胺形成胶团的能力，在降低表面张力方面 Tween 略优于 OP 系列表面活性剂。

5.2.4　AC 系列表面活性剂对十二胺表面张力的影响

　　AC 系列表面活性剂与十二胺按照 10∶1 的质量比混合对溶液表面张力的影响如图 5-9 所示。从图 5-9 中看出，AC1201 的临界胶束浓度约为 10mg/L，而 AC1205 的临界胶束浓度约为 40mg/L。十二胺在降低溶液表面张力的效率及能力方面均不及 AC 系列表面活性剂。随着 AC 系列表面活性剂的加入，十二胺溶液的表面张力迅速减小，其临界胶束浓度约降至 200mg/L，表面张力可降至约 13dyne/cm，比 Span、Tween 及 OP 系列表面活性剂与十二胺组合溶液表面张力更低，这说明 AC 系列表面活性剂降低十二胺溶液表面张力的能力相对更强。

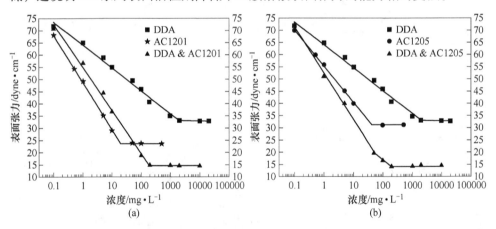

图 5-9　AC 系列表面活性剂对十二胺溶液表面张力的影响

(a) AC1201；(b) AC1205

5.2.5　油酸及油酸三乙醇胺对十二胺表面张力的影响

　　油酸及油酸三乙醇胺与十二胺按照 10∶1 的质量比混合对溶液表面张力的影响如图 5-10 所示。从图 5-10 中看出，油酸三乙醇胺的临界胶束浓度约为 6mg/L，而油酸的临界胶束浓度约为 12mg/L。十二胺在降低溶液表面张力的效率及能力

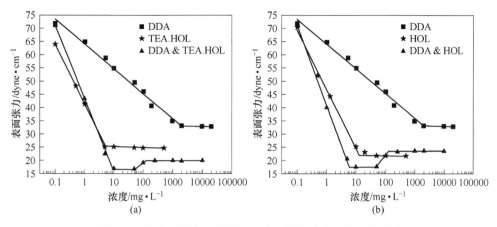

图 5-10 油酸系列表面活性剂对十二胺溶液表面张力的影响

(a) TEA. HOL；(b) HOL

方面均不及油酸以及油酸三乙醇胺。与 AC 系列表面活性剂对十二胺溶液表面张力相似，随着油酸及油酸三乙醇胺的加入，十二胺溶液的表面张力出现了先增大后减小的趋势，其临界胶束浓度约降至 10mg/L，表面张力可降至约 15dyne/cm，这说明阴离子系列表面活性剂与十二胺组合溶液形成胶团的能力最强，其临界胶束浓度最低。

5.3 表面活性剂与十二胺组合捕收剂与矿物作用红外光谱分析

为了了解表面活性剂与十二胺的组合药剂在石英表面的吸附情况，本节通过红外光谱检测分析了 Span、Tween、OP、AC 系列表面活性剂及油酸、油酸三乙醇胺与十二胺组合药剂在石英表面的吸附情况。

5.3.1 石英以及捕收剂十二胺的红外光谱

石英以 $1200cm^{-1}$、$1100cm^{-1}$、$830 \sim 750cm^{-1}$、$540 \sim 460cm^{-1}$ 的吸收带为特征峰[11]。石英的红外光谱如图 5-11 所示，$1905.05cm^{-1}$ 为硅氧四面体的伸缩振动吸收峰，$1108.56cm^{-1}$ 处的尖而强的吸收峰为 Si—O 的非对称伸缩振动峰，$758.48cm^{-1}$、$696.25cm^{-1}$ 处的峰为 Si—O—Si 的对称伸缩振动峰。

胺类阳离子捕收剂在 $3200 \sim 2800cm^{-1}$ 出现强吸收带，$3400 \sim 3500cm^{-1}$ 是 N-H 伸缩振动吸收峰；$3000 \sim 2800cm^{-1}$ 是烷基烃链的甲基和亚甲基伸缩振动吸收峰；在 $500 \sim 1400cm^{-1}$ 的中强谱带是由甲基和亚甲基的变形振动引起的，而 $1000 \sim 900cm^{-1}$ 和 $720cm^{-1}$ 吸收峰分别为甲基和亚甲基面内摇摆振动[12]。十二胺盐酸盐的红外图谱如图 5-12 所示，$3441.32cm^{-1}$ 处为 N—H 的伸缩振动吸收峰，$1667.83cm^{-1}$ 为 N—H 的面内的弯曲振动吸收峰，$653.83cm^{-1}$ 为 N—H 的面外弯曲

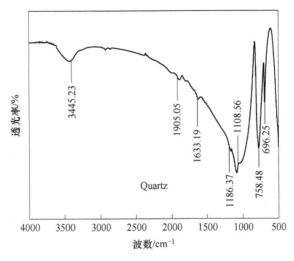

图 5-11　石英红外光谱图

振动吸收峰；2853cm^{-1} 与 2924cm^{-1} 分别为—CH$_3$ 与—CH$_2$—的伸缩振动吸收峰；1292.83cm^{-1} 与 1057.83cm^{-1} 处为 C—N 的伸缩振动吸收峰。

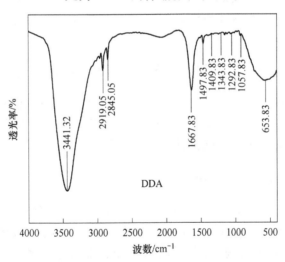

图 5-12　十二胺盐酸盐红外光谱

5.3.2　表面活性剂与十二胺组合捕收剂与石英作用的红外光谱

石英与表面活性剂及十二胺的组合捕收剂作用后的红外光谱如图 5-13 所示。对比图 5-13 与图 5-11 及图 5-12，吸附药剂后的石英红外光谱中出现了 3400～3500cm^{-1} 处的吸收带，这是 N—H 伸缩振动吸收峰，同时 1600cm^{-1} 附近出现了 N—H 的变形振动吸收峰，证实了十二胺吸附在了石英表面。

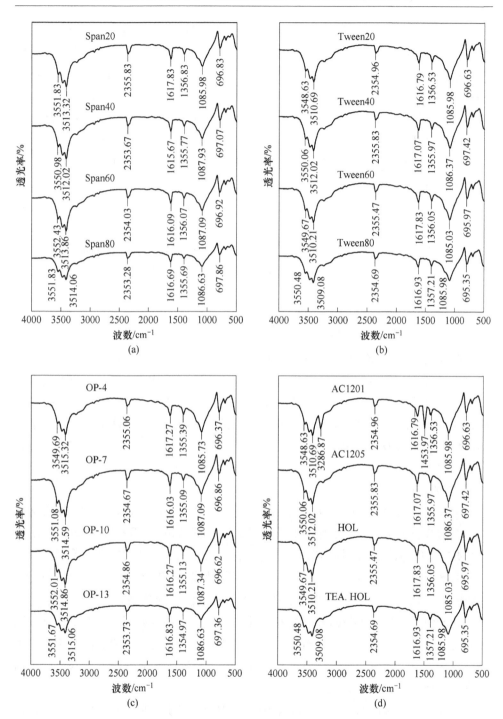

图 5-13 石英与表面活性剂及十二胺组合捕收剂作用后的红外光谱

（a）Span 系列；（b）Tween 系列；（c）OP 系列；（d）AC 系列

捕收剂与石英作用后的红外光谱除出现相应的矿物谱带外，位于 696cm⁻¹ 处的石英的 Si—O—Si 对称伸缩振动峰，1108cm⁻¹ 处的 Si—O 的非对称伸缩振动峰都向低频方向移动，原石英中 1905cm⁻¹ 的硅氧四面体的伸展振动吸收峰则向 1960~2000cm⁻¹ 处移动。药剂与矿物作用后的红外图谱中并没有出现新的特征峰，即表明药剂与石英矿物表面没有成键过程发生，与之前的结论一致，十二胺是通过物理吸附吸附在石英表面[13~15]，并且表面活性剂并未吸附在石英表面。

值得一提的是，石英与十二胺及 AC1201 组合捕收剂作用后出现了新的特征峰 3286cm⁻¹ 以及 1453cm⁻¹，其中 3320cm⁻¹ 为聚合物中—OH 的伸缩振动吸收峰[16]，而 1400cm⁻¹ 为—OH 面内的弯曲振动峰[16]，这说明有含有羟基—OH 的基团吸附在了石英表面，这应该是 AC1201（十二胺聚氧乙烯醚）中的羟基，这说明 AC1201 吸附在了石英表面。AC1201 之所以能吸附在石英表面，是因为其具有阳离子性，因此，有必要对 AC1201 的结构性质进行全面的研究。

5.4　AC1201 的结构性质及量子化学计算研究

浮选试验说明 AC1201 的提效效果最佳，红外光谱结果说明 AC1201 区别与其他表面活性剂能够吸附在石英表面。药剂结构决定性质，由于 AC1201 具有阳离子性，根据 AC1201 的结构（见图 5-14）可知，AC1201 的结构与传统的胺类捕收剂类似，由 C12 直链烷烃与含有胺基的极性基团组成，因此本节采用量子化学计算密度泛函 DFT/B3LYP 方法，进行了包括十二胺、醚胺以及 AC1201 与其阳离子的构型优化和单点能计算，试图通过与传统的胺类捕收剂对比，来了解 AC1201 的结构性质。

大量的研究表明捕收剂化学活性与分子前线轨道（FMO）能量与组成息息相关，对前线轨道贡献较大的原子的轨道是最高占据轨道（HOMO）和最低空轨道（LUMO）。E_{HOMO} 轨道能量越高，药剂与矿物形成配位键的能力越强，药剂活性越强；而 E_{LUMO} 值越低，药剂接受电子的能力形成反馈键的能力越强，则活性越强，捕收能力越强[17]。前线轨道理论表明：两分子间作用的难易是由电子给予体的 HOMO 和电子受体的 LUMO 间的能级差来衡量，在对称性匹配的情况下，这一能级差越小，二者能量越接近，轨道作用也就越大。为了建立药剂的活性关系，主要考察了以下三个方面：原子及基团电荷、前线轨道的组成及能量，以及药剂与矿物之间前线轨道能量的差值 ΔE。

十二胺、醚胺以及 AC1201 及其阳离子的最优化构型如图 5-14 所示，药剂经过密度泛函结构优化后量子化学参数见表 5-1，药剂的前线轨道组成见表 5-2，这里列出的是对轨道贡献大于 5% 的部分组成。

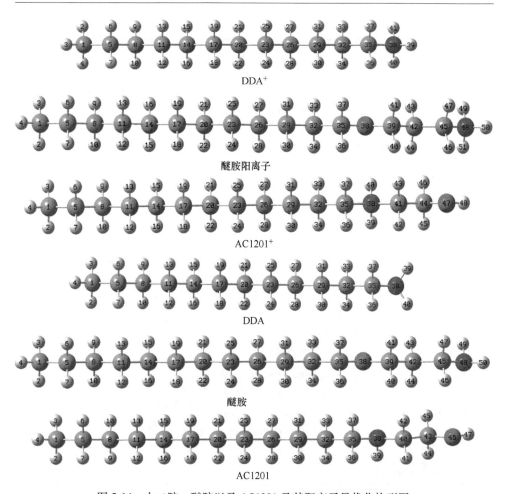

图 5-14　十二胺、醚胺以及 AC1201 及其阳离子最优化构型图

表 5-1　十二胺、醚胺及 AC1201 及其阳离子的前线轨道能量与 Mulliken 电荷布居

药剂	前线轨道能/哈特里		Mulliken 电荷/e		ΔE_1/哈特里	ΔE_2/哈特里
	HOMO	LUMO	原子电荷	基团电荷	$E_{LUMO} - E_{HOMO(Quartz)}$	$E_{LUMO(Quartz)} - E_{HOMO}$
DDA⁺	-0.35250	-0.16587	³⁵C: -0.132; ³⁶H: 0.192; ³⁷H: 0.192; ³⁸N: -0.545; ³⁹H: 0.371; ⁴⁰H: 0.368; ⁴¹H: 0.368	-CH₂N⁺H₃: 0.814	0.14286	0.41968
醚胺阳离子	-0.33360	-0.16767	³⁸O: -0.527; ³⁹C: 0.067; ⁴⁰H: 0.104; ⁴¹H: 0.104; ⁴²C: -0.225; ⁴³H: 0.143; ⁴⁴H: 0.143; ⁴⁵C: -0.112; ⁴⁶H: 0.190; ⁴⁷H: 0.190; ⁴⁸N: -0.523; ⁴⁹H: 0.380; ⁵⁰H: 0.385; ⁵¹H: 0.381	-O(CH₂)₃N⁺H₃: 0.700	0.14106	0.40078

药剂	前线轨道能/哈特里		Mulliken 电荷/e		ΔE_1/哈特里	ΔE_2/哈特里
	HOMO	LUMO	原子电荷	基团电荷	$E_{LUMO} -$ $E_{HOMO(Quartz)}$	$E_{LUMO(Quartz)}$ $-E_{HOMO}$
AC1201$^+$	-0.34059	-0.17329	^{35}C：-0.076；^{36}H：0.180；^{37}H：0.180； ^{38}N：-0.524；^{39}H：0.390；^{40}H：0.390； ^{41}C：-0.083；^{42}H：0.187；^{43}H：0.186； ^{44}C：0.042；^{45}H：0.126；^{46}H：0.127； ^{47}O：-0.559；^{48}H：0.324	$-CH_2N^+H_2(CH_2)_2OH$： 0.890	0.13544	0.40777
DDA	-0.23581	0.09048	^{35}C：-0.051；^{36}H：0.086； ^{37}H：0.102；^{38}N：-0.656； ^{39}H：0.248；^{40}H：0.249	$-CH_2NH_2$： -0.0222	0.39921	0.30299
醚胺	-0.24750	0.08750	^{38}O：-0.531；^{39}C：0.084；^{40}H：0.086； ^{41}H：0.086；^{42}C：-0.197；^{43}H：0.104； ^{44}H：0.103；^{45}C：-0.056；^{46}H：0.087； ^{47}H：0.106；^{48}N：-0.644；^{49}H：0.253； ^{50}H：0.251	$-O(CH_2)_3NH_2$： -0.268	0.39623	0.31468
AC1201	-0.23375	0.08182	^{35}C：-0.020；^{36}H：0.076；^{37}H：0.100； ^{38}N：-0.553；^{39}H：0.248；^{40}C：-0.031； ^{41}H：0.083；^{42}H：0.107；^{43}C：0.046； ^{44}H：0.091；^{45}H：0.094；^{46}O：-0.577； ^{47}H：0.330	$-CH_2NH(CH_2)_2OH$： -0.006	0.39055	0.30093
石英	-0.30873	0.06718	—	—	—	—

表 5-2　十二胺、醚胺及 AC1201 及其阳离子的前线轨道组成

药剂	HOMO	LUMO
DDA$^+$	18.88 2P$_x$(C8)+15.57 2P$_x$(C11)+ 12.92 2P$_x$(C14)+11.96 2P$_x$(C1)+ 5.16 1S(H3)	15.69 2S(N38)+12.75 1S(H39)+12.36 1S(H40)+ 12.36 1S(H41)+10.57 2S(H39)+ 10.01 2S(H40)+10.01 2S(H41)
醚胺阳离子	15.22 2P$_x$(C8)+14.93 2P$_x$(C11)+ 14.22 2P$_x$(C14)+11.31 2P$_x$(C17)+ 11.00 2P$_x$(C5)+8.36 2P$_x$(C1)+8.32 2P$_x$(C20)	15.80 2S(N48)+14.18 1S(H50)+12.23 1S(H49) +12.23 1S(H51)+10.72 2S(H50)+ 9.85 2S(H49)+9.85 2S(H51)+5.30 2P$_x$(C23)
AC1201$^+$	18.59 2P$_x$(C8)+15.63 2P$_x$(C11)+ 14.24 2P$_x$(C5)+13.09 2P$_x$(C14)+ 11.61 2P$_x$(C11)	14.35 1S(H48)+14.34 1S(H39)+14.10 2S(N38)+ 11.25 2S(H48)+11.24 2S(H39)
DDA	69.52 2P$_y$(N38)+6.67 2P$_x$(N38)+ 6.35 2S(N38)	12.20 1S(H40)+12.22 1S(H39)+10.87 2S(H40)+ 10.87 2S(H39)+9.30 2S(N38)+6.36 2P$_y$(C35)

药剂	HOMO	LUMO
醚胺	52.33 $2P_z$(N48)+20.78 $2P_y$(N48)+ 6.95 1S(H47)+6.95 2S(H47)	11.85 1S(H50)+11.32 1S(H49)+10.56 2S(H49)+ 10.37 2S(H50)+8.23 2S(N48)+ 5.19 $2P_y$(C45)+5.16 1S(H47)
AC1201	53.85 $2P_z$(N38)+19.47 $2P_y$(N38)+ 16.60 $2P_z$(C40)+6.03 2S(N38)+ 5.3 1S(H41)	24.31 1S(H47)+20.06 2S(H47)+9.94 $2P_x$(C43)+ 6.59 2S(O46)+6.17 $2P_y$(O46)

由表 5-1 可知，与阳离子形式相比，十二胺、醚胺以及 AC1201 分子的 HOMO 轨道能量值更高，这说明与质子化药剂相比捕收剂分子更容易向石英表面 Si 原子提供 HOMO 轨道电子形成共价键。表 5-2 也说明十二胺、醚胺以及 AC1201 分子的 HOMO 主要由 N 原子的 P_x、P_y 及 P_z 轨道组成，其含有孤对电子能够提供 P 轨道电子。然而，十二胺、醚胺以及 AC1201 阳离子的 HOMO 主要由 C 原子的 P_x 轨道组成，具有饱和的化合价，不能提供电子给其他原子。因此可以说，十二胺、醚胺以及 AC1201 分子的化学活性高于其相应的阳离子。根据福井谦一的前线轨道理论，当两分子间 HOMO 与 LUMO 能级差小于 6ev 即 0.2206 哈特里时，电子才可以在二者轨道间发生跃迁[18]。石英的最低空轨道能量 E_{LUMO} 与药剂的最高占据轨道能量 E_{HOMO} 的差值是大于 0.2206 哈特里（见表 5-1），这说明电子是不能在两者之间发生跃迁的。

由表 5-2 可知，与分子形式相比，十二胺阳离子、醚胺阳离子以及 AC1201 阳离子的前线轨道能量值 E_{LUMO} 更小，E_{LUMO} 值越低，药剂接受 Si 原子 P 轨道电子的形成共价键能力越强。并且质子化的药剂的最低空轨道能量 E_{LUMO} 与石英的最高占据轨道能量 E_{HOMO} 的差值小于 0.2206 哈特里，这说明石英 HOMO 的电子是可以转移到药剂的 LUMO；而分子形式的药剂 E_{LUMO} 与石英的 E_{HOMO} 的差值大于 0.2206 哈特里，这表明质子化的十二胺、醚胺以及 AC1201 的化学反应活性更大。但是质子化的药剂的 LUMO 主要是由 C、N、H 的 s 轨道组成的，很难接受反馈电子形成 π 键[19,20]。因此，从成键的角度来看，无论是分子形式还是质子化的形式，十二胺、醚胺以及 AC1201 均无法通过电子转移与石英相作用，这与前人的研究结论一致。

根据经典化学理论，化学反应的途径主要有静电作用或轨道作用，而原子荷电性质是静电相互作用的驱动力[21]。石英的零电点在 pH 值等于 3 处，在 pH>3 的广泛范围内，石英表面荷负电。十二胺阳离子、醚胺阳离子以及 AC1201 阳离子的极性基团—$CH_2N^+H_3$、—$O(CH_2)_3N^+H_3$ 以及—$CH_2N^+H_2(CH_2)_2OH$ 荷电增大到 0.814、0.70 以及 0.89，说明捕收剂在水溶液中电离后形成的阳离子与荷负电的矿物之间可以通过静电力相互作用，且 AC1201 阳离子与荷负电矿物作用最强。此外，胺类阳离子捕收剂的亲固基团就是含 N 的胺基或铵基，其亲固原子是 N 原子，亲固原子 N 上的电荷原子上的净电荷增加，更有利于通过静电力在矿物表面双电层外层中发生吸附，从这一点上看，AC1201 更易于与石英作用。

通过计算十二胺、醚胺以及 AC1201 的量子化学参数发现，AC1201 与经典的胺类捕收剂一致，可以通过静电吸引力吸附在石英表面，并且 AC1201 与石英的作用强于传统的十二胺以及醚胺。基于此，将 AC1201-煤油作为捕收剂对石英进行了浮选试验，结果如图 5-15 所示。与模拟结果相一致，AC1201 的捕收能力优于十二胺与醚胺，与十二烷基丙基醚胺-煤油相似，AC1201-煤油并没有产生协同效应，而 AC1201 作为表面活性剂对十二胺-煤油混溶捕收剂的增效效果却很明显（见图 5-4），因此 AC1201 宜作为表面活性剂为十二胺-煤油混溶捕收剂提效效果更佳。

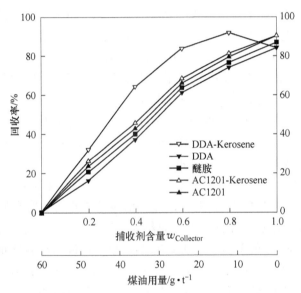

图 5-15　十二胺、AC1201 与煤油组合使用浮选结果

参 考 文 献

[1] 周强，卢寿慈. 表面活性剂在浮选中的复配增效作用 [J]. 金属矿山，1993（8）：28-31.

[2] 李冬莲，卢寿慈. 磷灰石浮选增效作用机理研究 [J]. 国外金属矿选矿，1999（8）：19-21.

[3] Sis H，Chander S. Improving froth characteristics and flotation recovery of phosphate ores with nonionic surfactants [J]. Minerals Engineering，2003（16）：587-595.

[4] 李学刚，赵国玺. 组合阴阳离子表面活性剂体系的物理化学性质 [J]. 物理化学学报，

1992 (8): 191-196.

[5] 肖进新, 赵振国. 表面活性剂应用原理 [M]. 北京: 化学工业出版社, 2003.

[6] 赵国玺, 朱珧瑶. 表面活性剂作用原理 [M]. 北京: 中国轻工业出版社, 2003.

[7] Takahide W, Yoshiaki N, Charn H P, 等. 使用两种捕收剂浮选矿物的基础研究 [J]. 国外金属矿选矿, 1982 (12): 14-19.

[8] 王淀佐, 胡岳华. 浮选溶液化学 [M]. 长沙: 湖南科学技术出版社, 1988.

[9] Monte M B M, Oliveira J F. Flotation of sylvite with dodecylamine and the effect of added long chain alcohols [J]. Minerals Engineering, 2004 (17): 425-430.

[10] Sis H. Enhance flotation recovery of phosphate ores using nonionic surfactants [D]. D. Sc. thesis, The Pennsylvania State University, 2001.

[11] 王丽. 云母类矿物和石英的浮选分离及吸附机理研究 [D]. 长沙: 中南大学, 2012.

[12] 蒋昊. 铝土矿浮选脱硅过程中阳离子捕收剂与铝矿物和含铝硅酸盐矿物的溶液化学研究 [D]. 长沙: 中南大学, 2004.

[13] Zhou Q, Somasundaran P. Synergistic adsorption of mixtures of cationic Gemini and nonionic sugar-based surfactant on silica [J]. Journal of Colloid and Interface Science, 2009 (331): 288-294.

[14] Chernyshova I V, Rao K H, Vidyadhar A. Mechanism of adsorption of long-chain alkylamines on silicates: a spectroscopic study. 1. Quartz. Langmuir, 2000 (16): 8071-8084.

[15] Fuerstenau D W, Jia R. The adsorption of alkylpyridinium chlorides and their effect on the interfacial behavior of quartz [J]. Colloids and Surfaces A: Physicochemical and Engineering, 2004 (250): 223-231.

[16] The Sadtler Handbook of Infrared Spectra, From Bio-Rad Laboratories, Informatics Division, 2004.

[17] Jang S S, Lin S T, Maiti P K. Molecular dynamics study of a surfactant-mediated decane-water interface: effect of molecular architecture of alkyl benzene sulfonate [J]. The Journal of Physical Chemistry B, 2004, 108 (32): 12130-12140.

[18] Fukui K. 1964. In: Löwdin, P. 0. Pullman, Molecular orbitals in chemistry, physics, and biology. B. (Eds.), Academic Press, New York, p. 513.

[19] Huang Z Q, Zhong H, Wang S, et al. Gemini trisiloxane surfactant: Synthesis and flotation of aluminosilicate minerals [J]. Minerals Engineering, 2014 (56): 145-154.

[20] Xia L, Zhong H, Liu G, et al. Flotation separation of the aluminosilicates from diaspore by a Gemini cationic collector [J]. International journal of mineral processing, 2009 (92): 74-83.

[21] Karelson M, Lobanov V S. Quantum descriptors in QSAR/QSPR studies [J]. Chemical Reviews, 1996 (96): 1027-1043.

6 尖山铁矿磁选粗精矿反浮选脱硅试验

尖山铁矿的矿石矿物组成及矿石类型简单，其主要矿物为石英、磁铁矿以及少量的铁闪石，矿石类型为石英型磁铁矿及闪石型磁铁矿，其入浮原样是经四次磁选后的中矿，粒度较细，-0.038mm 粒级矿样占原样的 70% 以上。

尖山铁矿采用的是阶段磨矿分级、磁选与浮选相结合包含三段磨矿、五次弱磁选以及阴离子反浮选的工艺流程。阴离子反浮选工艺采用 MH 系列捕收剂，NaOH 调浆 CaO 作为活化剂，经一次粗选、一次精选、三次扫选，获得了合格指标的精矿。

阴离子反浮选工艺药剂制度复杂，需加入 Ca^{2+} 活化剂，由于油酸系列阴离子捕收剂低温下溶解分散性差，通常需要加温至 30℃ 左右才有较好的浮选效果[1~3]。为了达到温和（中性）条件下进行药剂制度简单的反浮选脱硅工艺，针对十二胺-煤油混溶捕收剂对细粒石英浮选的协同效应，本章选择了十二胺-煤油以及表面活性剂与十二胺-煤油的组合药剂作为捕收剂，讨论混溶捕收剂对实际矿物的分选规律。

首先探讨十二胺-煤油混溶捕收剂的组成对尖山铁矿磁选粗精矿的分选规律，确定十二胺与煤油的比例；再通过对比不同组成的十二胺-煤油对原矿各个粒级的石英浮选行为的差异，了解十二胺-煤油捕收剂浮选实际矿物的规律；继而考察了表面活性剂对十二胺-煤油混溶捕收剂性能的影响，通过对比不同表面活性剂与十二胺-煤油的组合药剂对原矿各个粒级的石英浮选行为的差异，了解表面活性剂与十二胺-煤油组合捕收剂浮选实际矿物的规律；最终通过闭路流程试验对比了十二胺、十二胺-煤油混溶捕收剂以及表面活性剂与混溶捕收剂组合药剂对尖山铁矿磁选粗精矿的分选效果。

6.1 十二胺-煤油二元混溶捕收剂浮选尖山铁矿磁选精矿试验

6.1.1 十二胺-煤油二元混溶捕收剂对纯石英及磁铁矿浮选行为的影响

试验之初研究了十二胺以及十二胺-煤油（$w_{DDA} = 50\%$）对纯石英以及纯磁铁矿浮选行为的影响。捕收剂用量对磁铁矿以及石英回收率的影响如图 6-1 所示。试验在自然 pH 值下进行，对比十二胺以及十二胺-煤油对石英及磁铁矿的浮选行为可知，十二胺与十二胺-煤油对石英的捕收能力相当；而十二胺对磁铁矿的捕收能力强于十二胺-煤油，与十二胺相比，十二胺-煤油对石英以及磁铁矿分选的选择性

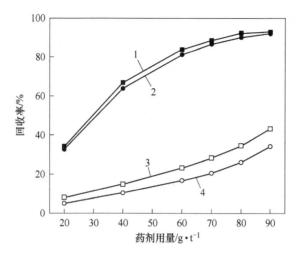

图 6-1 捕收剂用量对十二胺与十二胺-煤油浮选纯石英及磁铁矿的影响

1—石英+DDA-HCl；2—石英+DDA-Kerosene；3—磁铁矿+DDA-HCl；4—磁铁矿+DDA-Kerosene

更好。这说明在纯矿物层面的十二胺-煤油捕收剂的选择性优于十二胺。

矿浆 pH 值对磁铁矿及石英回收率的影响如图 6-2 所示。从图 6-2 中可以看出，最适宜矿物分选的 pH 值范围为 6.0~8.0，在这个范围内石英几乎可以完全上浮，虽然磁铁矿的上浮量也很大，但是在这个范围内石英与磁铁矿的回收率差值最大。

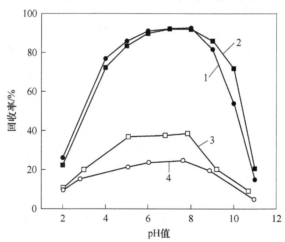

图 6-2 pH 值对十二胺与十二胺-煤油浮选纯石英及磁铁矿的影响

1—石英+DDA-Kerosene；2—石英+DDA-HCl；3—磁铁矿+DDA-HCl；4—磁铁矿+DDA-Kerosene

6.1.2 十二胺-煤油二元混溶捕收剂组成对尖山铁矿浮选行为的影响

实际矿物浮选试验之初考察了十二胺以及十二胺-煤油（$w_{DDA}=50\%$）用量对尖山铁矿磁选粗精矿（矿样Ⅰ）的影响，试验在自然 pH 值下进行，试验结果见表 6-1。从表 6-1 中可以看出，与纯十二胺盐酸盐相比，50%配比的十二胺－煤油的捕收能力以及选择性都更好，相同药剂用量下，泡沫产品产率以及铁精矿品位 TFe 均优于十二胺，并且药剂用量为 120g/t 时，十二胺－煤油混溶捕收剂的选矿效率最高，于是选择了该用量进行了捕收剂的配比试验。

表 6-1　十二胺与十二胺－煤油混溶捕收剂浮选指标

药　　剂	产品	产率/%	TFe 品位/%	回收率/%	选矿效率/%
100g/t DDA-HCl	泡沫	20.86	46.34	14.84	
	精矿	79.14	70.09	85.16	59.92
	合计	100.00	65.14	100.00	
100g/t 十二胺－煤油	泡沫	23.98	48.4	17.83	
	精矿	76.02	70.35	82.17	60.79
	合计	100.00	65.09	100.00	
120g/t DDA-HCl	泡沫	29.37	50.95	22.96	
	精矿	70.63	71.09	77.04	64.15
	合计	100.00	65.18	100.00	
120g/t 十二胺－煤油	泡沫	31.32	51.92	24.97	
	精矿	68.68	71.15	75.03	63.15
	合计	100.00	65.13	100.00	
140g/t DDA-HCl	泡沫	33.63	53.18	27.45	
	精矿	66.37	71.21	72.55	61.58
	合计	100.00	65.15	100.00	
140g/t 十二胺－煤油	泡沫	26.67	54.64	30.73	
	精矿	63.33	71.29	69.27	59.45
	合计	100.00	65.19	100.00	
160g/t DDA-HCl	泡沫	39.61	55.5	33.77	
	精矿	60.39	71.38	66.23	57.73
	合计	100.00	65.09	100.00	
160g/t 十二胺－煤油	泡沫	42.35	56.68	36.82	
	精矿	57.65	71.44	63.18	55.43
	合计	100.00	65.19	100.00	

表 6-2 以及图 6-3 显示的是捕收剂组成对实际矿物浮选行为的影响，不同质量比的十二胺与煤油作为组合捕收剂浮选尖山铁矿，总药剂用量为 120g/t，试验在自然 pH 值下进行。从图 6-3 中可以看出，随着混溶捕收剂中十二胺比例的增大，精矿品位逐渐增大，选矿效率先增大后减小，与当量的纯十二胺相比，精矿

品位与选矿效率之间的差值变化趋势是先增大后减小，十二胺的最佳比例为40%，在这个比例下，煤油的提效效果最明显，选矿效率提高将近30%，精矿品位也从68%提升到71%。精矿品位-回收率的曲线（见图6-4）同样表明，十二胺-煤油捕收剂的选择性更好，在获得相同精矿品位的条件下，十二胺-煤油作为捕收剂可以提高回收率。

表 6-2　不同配比的十二胺-煤油混溶捕收剂浮选尖山铁矿浮选指标

药剂	产品	产率/%	品位 /%		回收率 /%		选矿效率/%
			Fe	SiO$_2$	Fe	SiO$_2$	
20% 十二胺-煤油	泡沫	12.20	47.4	31.61	8.90	40.71	
	精矿	87.80	67.42	6.4	91.10	59.29	32.16
	合计	100.00	64.98	9.48	100.00	100.00	
30% 十二胺-煤油	泡沫	24.09	48.96	29.57	18.16	76.46	
	精矿	75.91	70.05	2.89	81.84	23.54	57.77
	合计	100.00	64.97	9.32	100.00	100.00	
40% 十二胺-煤油	泡沫	29.84	51.18	27.15	23.46	86.32	
	精矿	70.16	71.04	1.83	76.54	13.68	63.37
	合计	100.00	65.11	9.39	100.00	100.00	
50% 十二胺-煤油	泡沫	31.32	51.92	25.92	24.97	86.72	
	精矿	68.68	71.15	1.81	75.03	13.28	63.75
	合计	100.00	65.13	9.36	100.00	100.00	
60% 十二胺-煤油	泡沫	38.39	54.8	22.56	32.39	89.15	
	精矿	61.61	71.25	1.71	67.61	10.85	58.04
	合计	100.00	64.94	9.71	100.00	100.00	
80% 十二胺-煤油	泡沫	43.85	56.87	19.84	38.31	92.26	
	精矿	56.15	71.52	1.3	61.69	7.74	54.86
	合计	100.00	65.10	9.43	100.00	100.00	
90% 十二胺-煤油	泡沫	46.44	57.06	18.81	40.81	93.68	
	精矿	53.56	71.75	1.1	59.19	6.32	54.46
	合计	100.00	64.93	9.32	100.00	100.00	
100% 十二胺	泡沫	30.12	51.92	26.05	24.06	83.12	
	精矿	69.88	70.65	2.28	75.94	16.88	59.33
	合计	100.00	65.01	9.44	100.00	100.00	
DDA-HCl	泡沫	29.37	51.37	27.18	23.20	84.65	
	精矿	70.63	70.71	2.05	76.80	13.35	60.53
	合计	100.00	65.03	9.43	100.00	100.00	

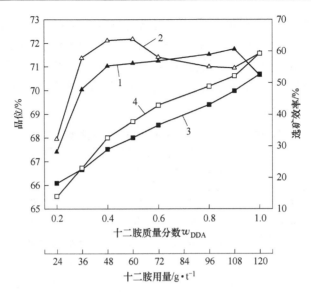

图 6-3　十二胺-煤油混溶捕收剂的组成对尖山铁矿浮选的影响

1—十二胺-煤油作为捕收剂 TFe 品位；2—十二胺-煤油作为捕收剂选矿效率；
3—十二胺作为捕收剂 TFe 品位；4—十二胺作为捕收剂选矿效率

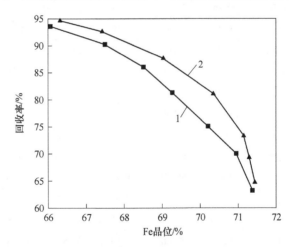

图 6-4　磁铁矿浮选结果数据的品位-回收率曲线

1—DDA；2—DDA-Kerosene

6.1.3　十二胺-煤油二元混溶捕收剂对尖山铁矿磁选精矿各粒级矿物浮选行为的影响

为了了解十二胺-煤油二元混溶捕收剂对原矿中各粒级矿物浮选行为的影响，将泡沫及精矿产品进行了筛分试验，分成了 +0.074mm、0.074~0.045mm、0.048~0.038mm 以及 -0.038mm 这四个粒级。泡沫产品中各粒级石英的回收率分布情况如图 6-5 所示。从图 6-5 中可知，十二胺低用量时石英上浮率很低，当十二胺含量从 20% 增至 40%，石英回收率大幅增加，继续增大十二胺，-0.074mm 石英回收率小幅变化，-0.074mm 粒级石英的回收率从大到小依次是：-0.038mm>0.045~0.074mm>0.038~0.045mm；而 +0.074mm 粒级石英的回收率从 77% 增大到 94%，这说明二氧化硅含量较高粗粒原矿比较难浮，需要较多的十二胺。在十二胺比例 40% 时，大部分细粒级石英可被去除，对比十二胺用量 40%十二胺-煤油与纯十二胺指标可知，煤油的加入的确提高了细粒-0.038mm 粒级石英的回收率，同时提高了富含石英的 0.045~0.074mm 粒级的上浮率。

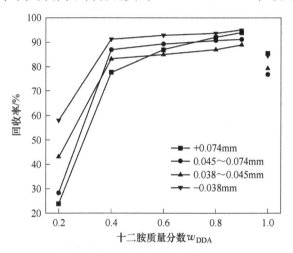

图 6-5 泡沫产品中各粒级 SiO_2 的回收率

泡沫产品中各粒级磁铁矿的回收率分布情况如图 6-6 所示。从泡沫产品中磁

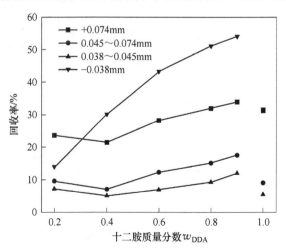

图 6-6 泡沫产品中各粒级 TFe 的回收率

铁矿的回收率曲线可知，在十二胺用量 0.4~0.9 的范围内，随着十二胺用量增大，磁铁矿的损失逐渐增大，−0.038mm 粒级损失率变化最大，意味着十二胺的用量增大会增加细粒磁铁矿损失率；而 +0.074mm 及 0.074~0.045mm 这两个粒级含有磁铁矿及石英连生体，因此，对于这两个粒级，由于连生体上浮，磁铁矿的损失是不可避免的。

对精矿产品也进行了分析，精矿产品中各粒级 SiO_2 及 TFe 的品位结果如图 6-7 及图 6-8 所示。结果表明矿物粒度越细，精矿 TFe 含量越高，SiO_2 含量越低，精矿品质越好，且随着十二胺–煤油中十二胺含量的增大，精矿中 +0.074mm 粒级 SiO_2 含量下降明显，同样说明该矿物中难浮的粗粒级石英需要更多的十二胺。

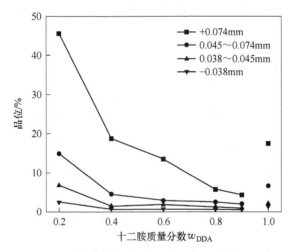

图 6-7　精矿产品中各粒级 SiO_2 的品位

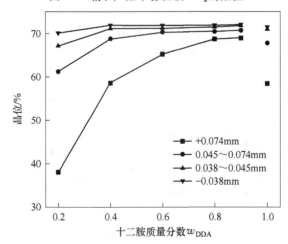

图 6-8　精矿产品中各粒级 TFe 的品位

针对尖山铁矿的性质，为了去除粗粒级原矿中的石英，需要增大十二胺的用量，而增大十二胺用量会增大细粒级磁铁矿的损失，在十二胺比例 40%时，大部分细粒级石英可被去除，建议针对该矿物最合理的方案是先粗、细分级，去除+0.074mm粒级的矿物，再以 40% 的十二胺–煤油作为捕收剂，不过本章并未这样进行，因为本章主要是为了考察混溶捕收剂的分选性能。

6.2 表面活性剂与十二胺–煤油组合捕收剂浮选尖山铁矿试验

本节考察了表面活性剂与十二胺–煤油的组合捕收剂对实际矿物的分选规律，表面活性剂用量 5%与质量比 w_{DDA} 为 40%的十二胺–煤油混溶捕收剂组合作为浮选尖山铁矿捕收剂，总药剂用量为 120g/t，试验在自然 pH 值下进行，特别说明之后的试验选取的矿样 Ⅱ 作为入浮原样。试验选择了具有代表性的 Span80、Tween80、OP-10、AC1201、AC1205、油酸以及油酸三乙醇胺作为研究对象，与十二胺–煤油混溶捕收剂组合。

表面活性剂对十二胺–煤油混溶捕收剂性能的影响见表 6-3。从表 6-3 中可以看出，与纯矿物类似 Span80 对混溶捕收剂的提效效果最差，与 Tween80、OP-10 以及 AC 系列相比，泡沫产品的产率较低，精矿品位仅为 70.08%，选矿效率也最低。Tween80、OP-10、AC1205 以及 AC1201 与十二胺–煤油组合捕收剂的捕收能力相近，泡沫产品的产率、精矿 TFe 品位以及回收率的指标数值相近，不过 AC1201 与十二胺–煤油组合捕收剂的所得到的精矿品位高达 71.45%，选矿效率高达 58.75%，优于其他表面活性剂。油酸及油酸三乙醇与混溶捕收剂组合使用出现了有趣的现象，即虽然泡沫产品的产率较低，与 AC1201 比低了将近 4%，可是选矿效率却接近了 55%，与 Tween80 及 OP-10 相当，这说明阴、阳离子组合捕收剂对实际矿物分选效果优于纯矿物。

表 6-3 表面活性剂与十二胺–煤油组合捕收剂浮选尖山铁矿浮选指标

药剂	产品	产率/%	品位/%		回收率/%		选矿效率 /%
			Fe	SiO$_2$	Fe	SiO$_2$	
Span80	泡沫	37.37	53.01	24.51	31.10	90.86	52.14
	精矿	62.63	70.08	1.51	68.90	9.14	
	合计	100.00	63.70	10.38	100.00	100.00	
Tween80	泡沫	41.68	52.96	23.71	34.79	92.98	55.71
	精矿	58.32	70.95	1.28	65.21	7.02	
	合计	100.00	63.68	10.63	100.00	100.00	
OP-10	泡沫	41.04	53.06	23.41	34.21	93.30	55.86
	精矿	58.96	71.04	1.17	65.79	6.70	
	合计	100.00	63.66	10.30	100.00	100.00	

续表6-3

药剂	产品	产率/%	品位/%		回收率/%		选矿效率/%
			Fe	SiO₂	Fe	SiO₂	
AC1201	泡沫	42.18	52.71	24.10	35.08	94.86	58.75
	精矿	57.82	71.45	0.99	64.92	5.14	
	合计	100.00	63.55	10.72	100.00	100.00	
AC1205	泡沫	41.75	53.51	23.10	36.40	94.40	54.85
	精矿	58.25	70.96	1.04	63.60	5.60	
	合计	100.00	63.67	10.57	100.00	100.00	
油酸三乙醇胺	泡沫	38.14	52.16	24.80	31.31	92.92	55.85
	精矿	61.86	70.57	1.18	68.69	7.08	
	合计	100.00	63.55	10.26	100.00	100.00	
油酸	泡沫	38.58	52.28	24.50	31.74	92.86	55.86
	精矿	61.42	70.62	1.21	68.23	7.14	
	合计	100.00	63.54	10.32	100.00	100.00	
十二胺-煤油	泡沫	38.96	53.08	25.10	32.48	93.74	53.75
	精矿	61.04	70.65	1.07	67.52	6.26	
	合计	100.00	63.68	10.43	100.00	100.00	
DDA-HCl	泡沫	38.07	53.18	24.91	31.77	92.88	53.01
	精矿	61.93	70.21	1.17	68.23	7.19	
	合计	100.00	63.73	10.21	100.00	100.00	

泡沫产品中各粒级石英的回收率分布情况如图6-9所示。从图6-9中可知，

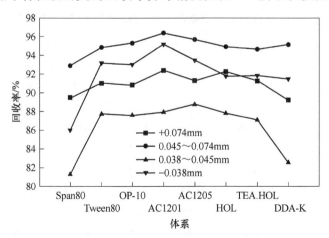

图6-9　泡沫产品中各粒级 SiO₂ 的回收率

AC1201 与十二胺-煤油组合作为捕收剂时，-0.038mm、0.045~0.074mm 以及 +0.074mm 粒级石英的回收率均高于其他表面活性剂；Tween80、OP-10 以及 AC1205 与十二胺-煤油组合作为捕收剂时，各粒级石英的回收率相近，油酸及油酸三乙醇胺也与它们相似；而 Span80 与十二胺-煤油组合捕收剂各粒级石英的回收率则与纯十二胺-煤油相似。总的来说，各粒级石英回收率从大到小依次是：0.045~0.074mm、-0.038mm、+0.074mm 以及 0.038~0.045mm。与纯十二胺-煤油相比，表面活性剂的加入主要提高了 0.038~0.045mm 粒级石英的回收率。泡沫产品中各粒级 SiO_2 含量如图 6-10 所示，从图 6-10 中可以看出，不同表面活性剂与十二胺-煤油组合后各粒级 SiO_2 含量小幅变化，总的来说，SiO_2 含量从大到小依次是：+0.074mm、0.045~0.074mm、0.038~0.045mm 以及 -0.038mm，粒度越粗，SiO_2 含量越高。

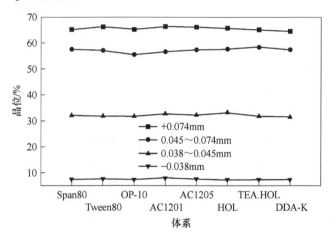

图 6-10　泡沫产品中各粒级 SiO_2 的品位

6.3　尖山铁矿磁选粗精矿浮选闭路试验

6.3.1　开路流程试验结果

反浮选开路试验工艺流程如图 6-11 所示，以十二胺-煤油（$w_{DDA} = 40\%$）作为捕收剂，采用的是一次粗选，一次精选，粗选与精选尾矿两次扫选的工艺。反浮开路浮选条件：室温，不添加 pH 值调整剂，即均为中性矿浆；不添加抑制剂；粗选 MIBC 40g/t，一次扫选 MIBC 10g/t，二次扫选 MIBC 5g/t。

这里选择一次粗选一次精选其实相当于是粗选分段加药，这是针对原矿 TFe 含量高、SiO_2 含量相对较低的性质，若一次加药量过大会导致 TFe 损失增大，而采用分段加药的"饥饿"式加药法可以最大程度地回收脉石矿物。试验之初考察了粗选捕收剂用量对浮选效果的影响，结果见表 6-4。从表 6-4 中可以看出，

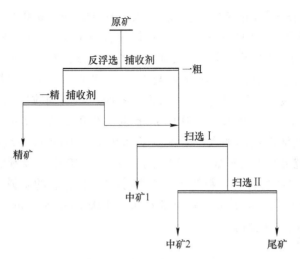

图 6-11　反浮选开路试验工艺流程

该用量范围内尾矿损失率都很低即保证了精矿的回收率，且随着粗选捕收剂用量的增加，精矿品位、选矿效率逐渐增大，为了保证闭路试验精矿品位达到 68%以上，选择了粗选药剂用量为 40g/t。

表 6-4　反浮选开路试验工艺流程分选指标　　　　　　（%）

药剂用量	项目	精矿	中矿 1	中矿 2	尾矿	合计原矿	选矿效率
粗选 30g/t 精选 15g/t	产率	85.75	8.14	3.97	2.14	100.00	
	品位	66.86	50.32	34.64	14.98	63.12	39.57
	回收率	90.82	6.49	2.18	0.51	100.00	
粗选 35g/t 精选 15g/t	产率	83.23	9.07	4.59	3.11	100.00	
	品位	67.53	53.48	38.67	18.03	63.39	43.62
	回收率	88.67	7.65	2.80	0.88	100.00	
粗选 40g/t 精选 15g/t	产率	77.86	12.96	5.47	3.71	100.00	
	品位	68.45	56.82	40.42	20.06	63.61	48.72
	回收率	83.79	11.57	3.47	1.17	100.00	

表 6-5 是分别以纯十二胺盐酸盐、十二胺-煤油以及 AC1201 与十二胺-煤油组合药剂作为捕收剂浮选尖山铁矿磁选粗精矿的开路试验分选指标。从表 6-5 中可以看出，十二胺-煤油及 AC1201 为捕收剂时，精矿品位、选矿效率最高，但是精矿回收率稍低，不过通过闭路循环可以改善这种现象。

表 6-5 反浮选开路试验工艺流程分选指标 （%）

药剂用量	项目	精矿	中矿 1	中矿 2	尾矿	合计原矿	选矿效率
DDA-HCl	产率	78.75	12.14	5.97	2.14	100.00	
	品位	68.15	56.32	41.01	20.31	63.59	46.35
	回收率	84.40	10.75	3.85	1.00	100.00	
十二胺-煤油	产率	77.86	12.96	5.47	3.71	100.00	
	品位	68.45	56.82	40.42	20.06	63.61	48.72
	回收率	83.79	11.57	3.47	1.17	100.00	
十二胺-煤油-AC1201	产率	73.85	15.20	5.77	5.18	100.00	
	品位	69.14	59.13	42.16	20.08	63.59	53.22
	回收率	80.38	14.15	3.83	1.64	100.00	

6.3.2 闭路流程试验结果

反浮闭路选条件：室温，不添加 pH 值调整剂，即均为中性矿浆；不添加抑制剂。

闭路试验 1 反浮选药剂用量：一粗：DDA-HCl 40g/t；一精：DDA-HCl 15g/t。

闭路试验 2 反浮选药剂用量：一粗：40% 质量浓度（$w_{DDA} = 40\%$）的十二胺-煤油 40g/t，MIBC 40g/t；一精：$w_{DDA} = 40\%$ 的十二胺-煤油 15g/t；一扫：MIBC 10g/t；二扫：MIBC 5g/t。

闭路试验 3 反浮选药剂用量：一粗：AC1201 用量 5%、w_{DDA} 为 40% 的十二胺-煤油组合药剂 40g/t，MIBC 40g/t；一精：AC1201 与十二胺-煤油组合捕收剂 15g/t；一扫：MIBC 10g/t；二扫：MIBC 5g/t。

反浮选闭路流程试验数质量流程如图 6-12~图 6-14 所示，分选指标见表 6-6~表 6-8。以十二胺作为捕收剂，采用反浮选工艺，经一粗一精两扫中矿顺序返回，粗选十二胺用量为 40g/t，精选十二胺用量 15g/t，可以得到 TFe 品位 67.85%、回收率 95.96% 的铁精矿；以十二胺-煤油作为捕收剂，采用反浮选工艺，经一粗一精两扫中矿顺序返回，粗选十二胺-煤油用量 40g/t，MIBC 40g/t，精选十二胺-煤油用量 15g/t，一次扫选 MIBC 10g/t，二次扫选 MIBC 5g/t 的药剂制度，可以得到 TFe 品位 68.37%、回收率 96.12% 的铁精矿；以 AC1210 与十二胺-煤油组合作为捕收剂，采用反浮选工艺，经一粗一精两扫中矿顺序返回，粗选捕收剂用量 40g/t，MIBC 40g/t，精选捕收剂用量 15g/t，一次扫选 MIBC 10g/t，二次扫选

MIBC 5g/t 的药剂制度，最终得到 TFe 品位 68.87%、回收率 96.53%的铁精矿。

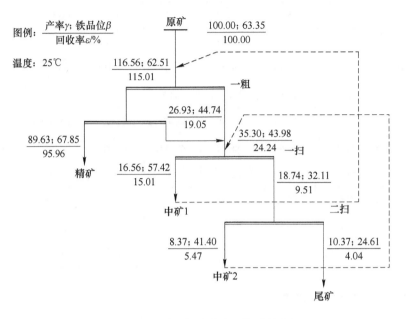

图 6-12　反浮选闭路试验 1 数质量流程

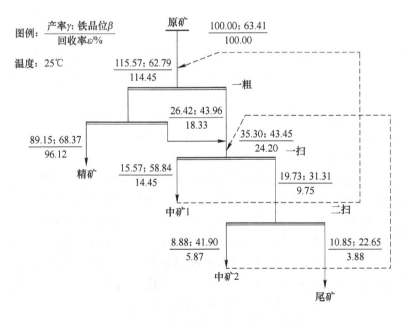

图 6-13　反浮选闭路试验 2 数质量流程

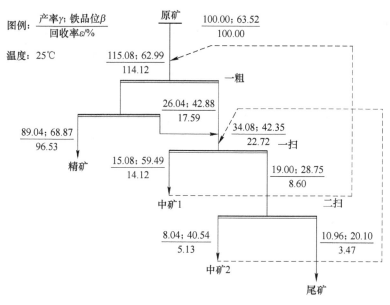

图 6-14 反浮选闭路试验 3 数质量流程

表 6-6 闭路试验 1 分选指标

循环次数	产品名称	质量/g	产率/%	TFe 品位/%	回收率/%
4	精矿	534.39	89.31	67.74	96.07
	尾矿	63.96	10.69	24.80	3.93
	原矿	598.35	100.00	63.42	100.00
5	精矿	537.74	89.95	67.96	95.86
	尾矿	60.08	10.05	24.43	4.14
	原矿	597.82	100.00	63.28	100.00
闭路平均	中矿 1	99.05	16.56	57.42	15.01
	中矿 2	50.05	8.37	41.40	5.47
	精矿	536.06	89.63	67.85	95.96
	尾矿	62.02	10.37	24.61	4.04
	原矿	598.08	100.00	63.35	100.00

表 6-7 闭路试验 2 分选指标

循环次数	产品名称	质量/g	产率/%	TFe 品位/%	回收率/%
4	精矿	530.90	88.95	68.42	96.01
	尾矿	65.95	11.05	22.90	3.99
	原矿	596.85	100.00	63.39	100.00

循环次数	产品名称	质量/g	产率/%	TFe 品位/%	回收率/%
5	精矿	534.34	89.35	68.32	96.24
	尾矿	63.69	10.65	22.40	3.76
	原矿	598.03	100.00	63.43	100.00
闭路 平均	中矿 1	93.05	15.57	58.84	14.45
	中矿 2	53.05	8.88	41.90	5.87
	精矿	532.62	89.15	68.37	96.12
	尾矿	64.82	10.85	22.65	3.88
	原矿	597.44	100.00	63.41	100.00

表 6-8　闭路试验 3 分选指标

循环次数	产品名称	质量/g	产率/%	TFe 品位/%	回收率/%
4	精矿	530.18	88.82	68.93	96.45
	尾矿	66.74	11.18	20.18	3.55
	原矿	596.92	100.00	63.48	100.00
5	精矿	533.53	89.26	68.81	96.56
	尾矿	64.20	10.74	20.02	3.44
	原矿	597.73	100.00	63.57	100.00
闭路 平均	中矿 1	90.05	15.08	59.49	14.12
	中矿 2	48.05	8.04	40.54	5.13
	精矿	531.86	89.04	68.87	96.53
	尾矿	65.47	10.96	20.10	3.47
	原矿	597.33	100.00	63.52	100.00

　　通过对比三种捕收剂闭路试验的分选指标发现，AC1201 与十二胺-煤油的组合捕收剂不但提高了精矿指标，而且还小幅增大回收率，其选择性最佳。此外，十二胺-煤油混溶捕收剂分选效果也优于纯十二胺。

参 考 文 献

[1] 陈达, 葛英勇, 余永富. 磁选铁精矿再提纯反浮选工艺和药剂的研究 [J]. 矿产保护与利用, 2005 (4): 46-50.

[2] 葛英勇, 余俊, 朱鹏程. 铁矿浮选药剂评述 [J]. 现代矿业, 2009 (11): 6-10, 80.

[3] 刘动. 反浮选应用于铁精矿提铁降硅的现状与展望 [J]. 金属矿山, 2003 (2): 38-42.

7 结　论

‹‹

7.1　主要结论

本书针对铁矿阳离子反浮选脱硅工艺存在的难题，以磁铁矿与主要的脉石矿物石英作为研究对象，根据组合用药的理念，以非极性烃作为辅助捕收剂部分替代价格昂贵的胺类药剂，将阳离子捕收剂、非极性油以及表面活性剂三者有机结合，以表面活性剂-捕收剂混合物在气-液、液-油和固-液界面上的吸附过程与协同作用作为研究方向，开展"提铁降硅"烃类油辅助磁铁矿阳离子捕收剂反浮选提效机理研究，得出如下主要结论。

（1）对于十二胺-煤油二元混溶捕收剂体系而言，在物理性质方面进行了系统研究，研究表明十二胺-煤油二元体系是一个具有上临界互溶温度的二元体系，其上临界混溶温度为34℃。由于煤油的加入，十二胺-煤油二元混溶捕收剂降低了纯十二胺的凝固点和改善了纯十二胺的黏度，提高了药剂在矿浆中的分散性。由于十二胺吸附在煤油界面，改变了煤油表面的荷电性质以及分散状态，煤油表面 Zeta 电位正移，并且十二胺-煤油乳化液油滴的直径更小，粒径更统一，大小更均匀。通过浮选试验考察了混溶捕收剂的分选效果，研究表明十二胺-煤油混溶捕收剂对细粒石英浮选具有协同促进作用，这是因为与十二胺-煤油作用之后细粒石英出现团聚现象，并且煤油以十二胺-煤油的形式作为辅助捕收剂增效效果显著强于传统的矿物预先疏水化再添加煤油的方式。

（2）根据 EDLVO 理论，参照疏水作用的能量模型，计算了油珠与矿粒之间石英微粒间的总作用势能。计算结果表明与传统的十二胺+煤油这种方式相比较，十二胺-煤油浮选体系从能量的角度看总作用势能恒为负值，表明煤油在石英表面的铺展是必然的。由于静电作用势能 U_R 的贡献，当矿物与油珠的距离大于20Å之后，两者的总作用势能是恒大于传统的十二胺+煤油体系，该结论验证了十二胺-煤油的提效原因正是活性煤油通过静电引力以及疏水作用与矿粒发生作用，强化了油珠与矿物的黏附过程，有力地支持了十二胺-煤油与石英的作用模型。

（3）系统地研究了传统阳离子捕收剂之间的组合用药以及十二胺与典型的辅助捕收剂煤油之间的组合，以此来比较胺-胺组合与胺-非极性烃组合之间的提效效果。研究表明在胺-胺组合中，以十二胺与 N-十二烷基 1，3 丙二胺之间的组合提效效果最为显著；在胺-煤油组合捕收剂中，N-十二烷基 1，3 丙二胺与煤油组合捕收剂的提效效果最明显。不过十二胺-煤油组合捕收剂的捕收能力更强，而十二烷基丙基醚胺与煤油组合没有产生协同效应。对比胺-胺组合与胺-煤油组合捕收剂的捕收能力与提效效果，以十二胺与煤油组合效果最佳。

通过十二胺与直链烷烃、烯烃、脂环烃以及芳香烃（十二烷、十二烯、环己烷、二甲苯以及甲基萘）药剂组合试验，系统的研究了煤油等燃料油类辅助捕收剂中各种烃类组分对组合捕收剂提效效果的影响。研究表明芳香烃作为十二胺辅助捕收剂的提效效果最好，且十二胺-二甲苯以及十二胺-甲基萘的捕收能力强于十二胺-煤油，对比试验结果发现作为十二胺的辅助捕收剂组合药剂协同效应为：正构烷烃 < 环烷烃 < 正构烯烃 < 芳烃。

（4）在微观层面，采用分子动力学模拟方法研究十二胺在不同非极性烃/水界面的吸附性质，考察油相性质对捕收剂在油/水界面吸附性质的影响。分子动力学模拟结果表明十二胺分子能够在不同油/水界面形成稳定的单层膜结构，捕收剂单层膜的界面形成能、油水界面层厚度等参数的计算结果表明捕收剂在甲基萘/水界面的活性最高，降低油水界面张力的效果最好。十二胺分子在五种不同油相中活性依次为：甲基萘>二甲苯>十二烯>环己烷>十二烷，理论计算结果与浮选实验结果完全一致。

（5）选择了油溶性的非离子型的 Span、Tween 以及 OP 系列表面活性剂，油溶性的阴离子型表面活性剂油酸三乙醇胺及具有表面活性的阴离子型药剂油酸，以及兼具非离子型及阳离子型的 AC 系列表面活性剂，针对十二胺-煤油-表面活性剂多组分浮选剂在固液界面分子间组装的机制、行为与浮选意义进行系统研究。

浮选试验研究表明 Span 系列的表面活性剂对十二胺-煤油混溶捕收剂的增效效果甚微，Tween、OP 以及 AC 系列表面活性剂对混溶捕收剂具有增效效果，并且 AC1201 的增效效果最明显，油酸以及油酸三乙醇胺的加入并未提高混溶捕收剂的捕收能力。

表面张力测试表明表面活性剂的加入提高了十二胺的胶团形成能力同时也降低了溶液的表面张力。其中，AC 系列表面活性剂降低十二胺溶液表面张力的能力相对更强，阴离子系列表面活性剂油酸三乙醇胺以及油酸与十二胺组合溶液形成胶团的能力最强，其临界胶束浓度最低。

红外光谱分析结果表明除 AC1201 之外，表面活性剂与十二胺的组合药剂与石英矿物表面没有成键过程发生，且表面活性剂并未吸附在石英表面，而 AC1201 吸附在了石英表面。通过量子化学计算表明 AC1201 阳离子具有阳离子性，其亲固基团所荷的正电荷大于十二胺及醚胺，表明 AC1201 更有利于通过静电吸引力与荷负电的矿物作用。

（6）以尖山铁矿磁选粗精矿作为研究对象，研究了混溶捕收剂对实际矿物的分选规律。研究表明，十二胺-煤油混溶捕收剂中十二胺的最佳比例为 40%，在这个比例下，煤油的提效果最明显。通过对入浮原矿及浮选产品的组成分析发现煤油的加入提高了细粒-0.038mm粒级石英的回收率，同时提高了富含石英的0.045~0.074mm粒级的矿物上浮率。表面活性剂与混溶捕收剂组合药剂浮选尖山铁矿结果表明：Span80对混溶捕收剂的提效果最差；油酸及油酸三乙醇与混溶捕收剂组合具有较好的选择性；Tween80、OP-10、AC1205以及AC1201与十二胺-煤油组合捕收剂的捕收能力相近，且AC1201略优于其他表面活性剂。AC1201的优越性体现在AC1201与十二胺-煤油组合作为捕收剂时，-0.038mm、0.045~0.074mm以及+0.074mm粒级石英的回收率均高于其他表面活性剂。以AC1210与十二胺-煤油组合药剂作为捕收剂，采用反浮选工艺，经一粗一精两扫中矿顺序返回，粗选捕收剂用量40g/t，MIBC 40g/t，精选捕收剂用量15g/t，一次扫选MIBC 10g/t，二次扫选MIBC 5g/t的药剂制度，最终得到TFe品位68.87%、回收率96.53%的铁精矿。

7.2　今后研究工作展望

本书致力于探讨磁铁矿反浮选脱硅药剂组合使用的基础理论问题，开发高效的磁铁矿反浮选脱硅药剂组合，探索组合捕收剂的作用条件和作用机理，为阳离子浮选捕收剂组合用药提供科学依据。虽然已取得一定的成果，但是对于这一复杂的问题，今后还需在以下几个方面进行研究。

（1）对于脉石矿物单一、矿物组成相对简单的磁铁矿，混溶捕收剂的确表现出了优势，减少了捕收剂耗量，降低了选矿成本。那么针对矿物组成复杂的（例如嵌布粒度较细的鲕状赤铁矿、细粒钛铁矿等），混溶捕收剂是否具有同样的效果。所以在今后的研究中，应增加试验中实际矿物样品的种类，为混溶捕收剂的全面应用提供依据。

（2）在十二胺-非极性烃的分子动力学模拟体系中，数值模拟关注了十二胺在油水界面的吸附过程，那么对于混溶捕收剂在固液界面即矿物表面的吸附过程的数值模拟，将是后期研究的重点。

（3）对于表面活性剂-十二胺-煤油三元混溶捕收剂体系，已选取了部分有代表性的表面活性剂，可是不够全面，后期研究中对具有阳离子性的油溶表面活性剂应进行更为深入的研究。